LEÇONS ÉLÉMENTAIRES

DE

GÉOMÉTRIE PRATIQUE.

SAINT-QUENTIN,

Imp. et Lithographie d'Ad. Moureau, Grand'Place, 7.

LEÇONS ÉLÉMENTAIRES

DE

GÉOMÉTRIE PRATIQUE

APPLIQUÉES AU DESSIN LINÉAIRE,

A l'Arpentage et à la Mesure des Corps les plus simples,

A L'USAGE DES ÉCOLES PRIMAIRES,

Par E. TONNEAU, Instituteur.

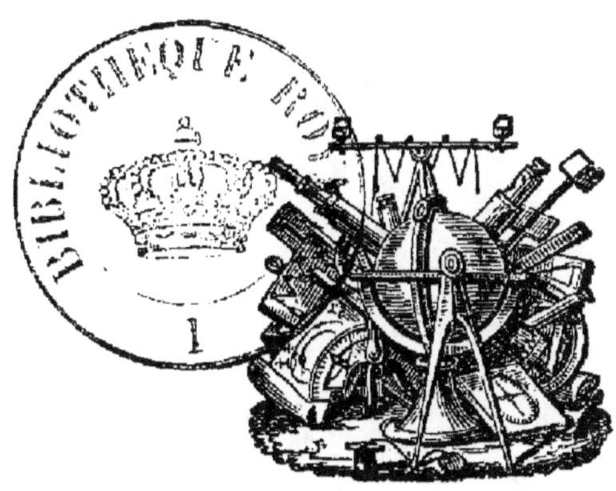

CET OUVRAGE SE TROUVE:

A Paris, chez Ed. Tétu & Cie, rue Jean-Jacques Rousseau, 3,

ET A Ham, chez Laurens, Libraire.

—

1846.

AVANT-PROPOS.

Depuis 1840, le Conseil royal de l'Instruction publique a rendu obligatoire la connaissance du dessin linéaire pour l'obtention du brevet élémentaire ; et depuis la promulgation de la loi du 28 juin 1833, il a toujours exprimé le vœu que le dessin linéaire fût enseigné aux élèves de toutes les écoles primaires. C'est reconnaître par là le besoin, dans les écoles primaires, de l'enseignement des élémens de la Géométrie. On a composé bien des ouvrages pour parvenir à ce but, pour faciliter l'enseignement si utile de la Géométrie ; mais a-t-on réussi ? Qu'on me permette d'en douter. La plupart de ces ouvrages, fort estimables du reste, sont trop étendus et d'un prix trop élevé pour qu'ils puissent être mis entre les mains des enfans ; les autres, en ne s'occupant exclusivement que de dessin linéaire ou d'arpentage, ne sont que des cours spéciaux qui n'atteignent qu'à demi le but qu'on se propose. Celui que j'offre aujourd'hui au public sera-t-il plus heureux ? N'y ai-je omis rien d'essentiel ? Ai-je conservé cette clarté que réclament avec tant de raison ceux qui commencent l'étude des sciences ? J'ose à peine l'espérer. J'ai pu, du moins, dans un volume peu étendu, présenter les principales applications de la Géométrie *au Dessin linéaire*, *à l'Arpentage et à la mesure des Corps les plus simples.* J'ai écrit en enseignant : chaque définition , chaque opération a été, pour ainsi dire , censurée , et je n'ai adopté chacune d'elles qu'après m'être convaincu qu'elle pourrait être comprise de tous.

C'est donc avec quelque confiance que j'offre cet ouvrage au public : il a été principalement composé pour les élèves des écoles primaires, qui ne consacrent généralement que peu d'années à leurs études. Ils y trouveront , il est vrai , un enseignement restreint de la Géométrie , mais suffisant pour la plupart d'entre eux. A l'égard de ceux qui , dans la suite , devraient suivre des cours plus étendus , ils auront l'avantage d'avoir déjà fait un pas immense , d'avoir acquis le langage géométrique.

Lorsque j'ai rencontré des problèmes qui pouvaient être résolus facilement avec le secours de ceux expliqués précédemment , je les ai laissés à résoudre. Ce sont des exercices utiles , ils éveillent l'attention de l'élève en même temps qu'ils lui procurent le plaisir de résoudre par lui-même certaines questions.

J'indique au commencement de cet ouvrage des moyens de s'en servir : je ne les donne pas comme absolus ; seulement je puis dire que j'ai vu employer ces moyens par d'habiles professeurs , que je les ai employés moi-même avec quelque succès.

MOYENS

PROPRES A FACILITER L'ENSEIGNEMENT

DE LA GÉOMÉTRIE.

Pour enseigner la Géométrie, il faut avoir à sa disposition un tableau noir, une grande équerre en bois, un mètre ou règle divisée en décimètres et centimètres, et un compas en bois. Chaque élève devra avoir en outre les instrumens dont il est parlé dans le chapitre troisième.

Enseignement du Dessin linéaire. (*)

Après avoir expliqué le chapitre qui doit faire l'objet de la leçon, le professeur ou moniteur *fera tracer à la main* chaque espèce de ligne, d'angle, de triangle, de polyèdre, etc. Il demandera pourquoi telle figure est une ligne droite, un angle aigu, un triangle obtusangle, un trapèze, etc., etc. Il exigera, sinon le mot à mot du livre, mais des réponses exactes.

On attachera une grande importance au tracé des figures. On pourra faire copier pendant la leçon, soit sur un cahier, soit sur une ardoise, les figures dessinées sur

---

(*) Ces procédés s'appliquent à chaque chapitre indistinctement.

le tableau ; pendant la solution des problèmes , il sera bon de permettre aux élèves de se servir d'instrumens et d'exécuter les opérations indiquées , quoiqu'on ne doive pas négliger non plus de leur faire exécuter à la main le tracé géométrique. L'explication de chaque problème devra être répétée par différens élèves : ce sont tout à la fois des moyens disciplinaires et des moyens de s'assurer que la leçon a été comprise.

Entre chaque leçon le professeur pourra donner à rapporter sur un cahier spécial les différentes figures faites au tableau pendant la leçon précédente. Ces figures pourront être faites d'abord à la main , et plus tard avec des instrumens.

Arpentage.

Il faut que l'élève ait une connaissance exacte des instrumens que l'on emploie : on ne se contentera donc pas de lui dire ce que c'est qu'une chaîne , une équerre , on lui montrera ces objets, on lui en fera l'explication , on lui permettra de les voir à son aise. — Après lui avoir enseigné la manière de mesurer les polygones, on pourra lui préparer un devoir de la manière suivante : on copiera sur un quart de feuille des figures semblables à celles qu'on a expliquées pendant la leçon , on placera cette feuille sur un certain nombre d'autres feuilles , on percera à chaque sommet , avec une aiguille ou la pointe du tireligne , un petit trou qui paraîtra sur chaque feuille , on unira ces points, on indiquera d'abord les perpendiculaires , les dimensions qu'il est nécessaire de connaître. Chaque élève recevra une copie , il préparera ce devoir pour la leçon suivante. Plus tard , lorsque l'élève sera plus habile , on se contentera d'indiquer le périmètre de chaque polygone , en lui laissant le soin des opérations sur le papier : il élèvera des perpendiculaires avec une équerre ou un compas, il mesurera les lignes avec un double-décimètre , en prenant le millimètre pour mètre. En un mot, l'élève arpentera sur le papier. Plus tard , quand il sera sur le terrain , les difficultés seront moins grandes pour lui , et quelques leçons suffiront pour lui donner une idée assez nette des moyens ordinairement employés pour arpenter.

Solides.

Si l'on n'a pas les différens solides , exécutés en bois ou en carton , il sera bon de faire citer à l'élève , quand il s'agira des définitions , un assez grand nombre d'exemples, de lui présenter ces figures qu'on pourra faire sous ses yeux avec une pomme , une carotte , une betterave. On décomposera un cube en un certain nombre d'autres petits cubes pour faire comprendre à l'élève la manière de chercher la solidité de ce corps. On décomposera un prisme triangulaire en ses trois pyramides.

Une foule d'autres moyens plus ou moins ingénieux se présentent naturellement à l'esprit du professeur ; c'est à lui de choisir , de distinguer.

NOTIONS PRÉLIMINAIRES.

1. *On appelle* Corps , *en général, ce qui peut affecter nos sens ,* c'est-à-dire tout ce que nous pouvons voir, sentir, toucher, etc. Exemples : une pierre, une pièce de bois, etc. Les corps ont trois dimensions : longueur, largeur et hauteur ou profondeur.

2. Les corps sont limités, terminés par des parties plus ou moins distinctes auxquelles on donne le nom de SURFACES.

Les surfaces sont donc les limites des corps. Elles sont étendues en longueur et en largeur.

3. Si deux surfaces se rencontrent , leur intersection s'appelle Ligne. *Ainsi les lignes sont les limites des surfaces.* Elles sont étendues en longueur seulement.

4. L'intersection de deux lignes s'appelle Point. Le point n'a pas d'étendue ; on le figure par la rencontre de deux petites lignes.

5. *La Géométrie est une science qui a pour objet la mesure de l'étendue ,* c'est-à-dire *la mesure des lignes , des surfaces et des corps.*

PREMIÈRE PARTIE.

PRINCIPALES APPLICATIONS DE LA GÉOMÉTRIE AU DESSIN LINÉAIRE.

CHAPITRE PREMIER.

Lignes — Angles.

6. *Le dessin linéaire est l'art de représenter sur le papier, par de simples traits, les différens produits des arts et de l'industrie.*

7. On distingue deux sortes de dessin linéaire : *le dessin linéaire géométrique et le dessin linéaire à vue.* Le premier est soumis à des règles fixes, invariables, empruntées à la Géométrie, tandis que le second dépend uniquement du caprice de l'œil et du jeu de la main.

8. Il y a trois sortes de lignes : *la ligne droite, la brisée et la courbe.*

9. *La ligne droite est la plus courte distance qu'il y ait d'un point à un autre point A B (fig. 1re).*

10. *La ligne brisée est un assemblage de lignes droites que 'on nomme les côtés de la ligne A B C D (fig. 2).*

11. — *La ligne courbe est une ligne qui n'est ni droite ni composée de lignes droites.* A B C (fig. 3).

12. — Si deux lignes AB et BC (fig. 4), se rencontrent, elles laissent entre elles un certain intervalle que l'on appelle ANGLE. *Ainsi un angle est l'espace compris entre deux lignes droites qui se rencontrent.* D'où il suit que la grandeur d'un angle ne dépend pas de la longueur de ses côtés, mais de leur écartement. Les lignes A B et B C, qui limitent l'angle, s'appellent ses *côtés*, et leur jonction, son *sommet*. Un angle se désigne ordinairement par la lettre du sommet, excepté lorsqu'il est commun, alors on le désigne par trois lettres, en nommant celle du sommet la seconde. Ainsi on dit : l'angle B (fig. 4), et l'angle A C O (fig. 5).

13. — Une ligne droite est dite *perpendiculaire* à l'égard d'une autre, lorsqu'elle forme avec elle deux angles adjacens égaux. O C (fig. 5). Chacun de ces angles s'appelle *Angle droit.* A C O, O C B, sont des angles droits. Tout angle plus petit qu'un droit s'appelle *angle aigu*, et on appelle *obtus* celui qui est plus grand qu'un droit. GCFE est un angle aigu et GCA un angle obtus (fig. 6).

14. — Parmi les lignes droites on distingue *la perpendiculaire*, dont nous avons parlé, la *verticale*, l'*horizontale*, l'*oblique* et les lignes *parallèles*.

15. — *La ligne verticale va de haut en bas, sans pencher ni à droite ni à gauche* C D (fig. 1re). Le fil-à-plomb des charpentiers, des artisans en général, nous donne une idée nette de la direction de cette ligne.

16. — *La ligne horizontale penchée est une perpendiculaire* *à la verticale* A B (fig. 1ʳᵉ). La surface des eaux dormantes indique parfaitemant la direction de cette ligne.

17. — *Une ligne est oblique à l'égard d'une autre , quand elle la rencontre sans lui être perpendiculaire , ou, en d'autres termes , lorsqu'elle rencontre cette autre en formant avec elle deux angles adjacens inégaux.* G C (fig. 6), est oblique à A F.

18. — *Deux ou plusieurs lignes droites sont dites parallèles lorsque dans toute leur longueur elles sont constamment à la même distance les unes des autres.* A B et O D (fig. 7.)

CHAPITRE DEUXIÈME.

Suite des Lignes — De la Circonférence et de sa division.

19. — *La circonférence est une ligne courbe dont tous les points sont également éloignés d'un point intérieur que l'on appelle le centre de la circonférence.* Remarquons ici qu'il ne faut pas confondre la circonférence avec le cercle : la circonférence est une *ligne,* et le cercle est la *surface* limitée par la circonférence. A B C (fig. 8) est une circonférence dont O est le centre.

20. — *On appelle rayon une ligne droite qui part du centre et qui va joindre l'un des points de la circonférence* O A (fig. 8). Tous les rayons d'une même circonférence sont égaux ; car la distance du centre à la circonférence est partout la même.

21. — *On nomme diamètre une droite qui joint deux points de la circonférence en passant par le centre,* C D (fig. 8). Tous les diamètres d'une même circonférence sont égaux ; car ils sont doubles des rayons, et les rayons sont égaux entre eux.

22. — *On donne le nom de corde à une droite qui joint deux points de la circonférence sans passer par le centre,* C A (fig. 8), *et on appelle arc-de-cercle la portion de la circonférence sous-tendue par la corde.* C E A (fig. 8.)

23. — *On appelle sécante une corde indéfiniment prolongée.* F G (fig. 8).

24. — *Une tangente est une ligne qui n'a et ne peut avoir qu'un point de commun avec la circonférence, quelque prolongée qu'on puisse la supposer.* H K (fig. 8.)

25. — *On appelle secteur la portion de cercle comprise entre deux rayons et l'arc qu'ils comprennent.* O C E A (fig. 8).

26. — *On donne le nom de segment à la portion de cercle comprise entre une corde et l'arc qu'elle sous-tend.* C E A (fig. 8).

27. — On divise la circonférence en 400 parties égales appelées *grades* (°), chaque grade en cent parties égales appelées *minutes* ('), chaque minute en cent autres parties appelées *secondes* (''), etc. Avant l'invention du système métrique, on partageait la circonférence en 360 parties égales appelées degrés (°), chaque degré en 60 minutes, et chaque minute en 60 secondes. Cette dernière manière de diviser la circonférence est généralement préférée à la première, cela tient à ce que le nombre 360 offre plus de diviseurs que 400.

28. — Si deux diamètres se coupent perpendiculairement, on conçoit que les angles qu'ils formeront comprendront entre leurs côtés des arcs égaux , et que chacun de ces arcs vaudra 90 degrés ou 100 grades. C'est pourquoi on dit encore *qu'un angle est droit, quand l'arc compris entre ses côtés , et décrit de son sommet comme centre, contient 90 degrés ou 100 grades.* On dit , dans le même sens , *qu'un angle est aigu quand il a moins de 90 degrés, et qu'il est obtus quand il a plus de 90 degrés.*

29. — Il peut arriver que l'on ait besoin de convertir un certain nombre de degrés en grades , et réciproquement. Cette conversion s'effectuera aisément si on observe qu'un degré est les $\frac{10}{9}$ d'un grade , et qu'un grade est les $\frac{9}{10}$ d'un degré. Ainsi 270° = 300 grades, et 270 grades = 243°.

CHAPITRE TROISIÉME.

Instrumens relatifs au Dessin linéaire.

30. — Les principaux instrumens dont on se sert pour dessiner sont : *la règle , l'équerre , le compas , le tire-ligne, le double-décimètre , le rapporteur.*

DE LA RÈGLE.

31. — Chacun sait ce que c'est qu'une règle : celle dont on se sert pour dessiner doit être plate et échancrée, afin d'empêcher l'encre d'arriver sur le papier lorsqu'on se sert d'une plume. Mais la principale qualité d'une règle, et peut-être la seule nécessaire , c'est qu'elle soit bien dressée. Pour s'en assurer, les menuisiers , les ébénistes pla-

cent l'œil dans le prolongement de l'arête qu'ils veulent vérifier , cette arête ne doit paraître alors que comme un seul point. On peut encore vérifier une règle de la manière suivante : on tire une ligne indéfinie sur un plan , avec l'arête qu'on veut vérifier , puis on fait faire une demi-révolution à la règle , on trace une seconde ligne ; si elle se confond avec la première, c'est une preuve que la règle est bien dressée. On peut rendre cette preuve très-sensible en employant à dessein une règle qui n'est pas droite.

DE L'ÉQUERRE.

32. — *L'équerre est un instrument dont on se sert pour élever et abaisser des perpendiculaires.* Le mot équerre signifie règle carrée ; mais on donne plus spécialement ce nom à une planchette de forme triangulaire A C E (fig. 9) dont deux des côtés se rencontrent perpendiculairement.

33. — Pour élever une perpendiculaire au moyen de l'équerre , au point C de la ligne A B, par exemple (*) , on fait coïncider l'une des arêtes qui forment l'angle droit , avec C B , de manière que le sommet de l'angle droit soit aussi près du point C que le comporte l'épaisseur de la pointe à tracer, on fait glisser cette pointe le long de CED, et on a la perpendiculaire demandée.

34. — Ce procédé serait parfait si l'équerre était *juste ;* il faut donc la vérifier avant de s'en servir. Pour parvenir à ce but, on place l'équerre de manière que l'une des arêtes qui forment l'angle droit, coïncide parfaitement avec une droite tracée sur un plan. On fait ensuite glisser

---

(1) Quelquefois on n'indique pas le numéro de la figure, dans ce cas il faut toujours recourir à la figure indiquée précédemment.

une pointe à tracer le long de l'arête C E , puis donnant à l'équerre la position A C E , C A coïncidant avec la ligne donnée , et le sommet de l'angle droit se trouvant au pied de la perpendiculaire , on trace une seconde perpendiculaire ; si elle se confond avec la première , c'est une preuve que l'équerre est juste , sinon elle est fausse , et on ne doit point s'en servir.

DU COMPAS.

35. — *Le compas est un instrument à deux branches d'égale longueur , avec lequel on décrit des circonférences ou des arcs-de-cercle.* L'explication des problèmes qui suivent en fera connaître les nombreux usages. Pour dessiner , on doit avoir au moins deux compas : un *de division* ou à *pointes sèches ,* et un compas de *rechange.* Ce dernier est fait de telle manière que la moitié de l'une des branches peut s'enlever et se remplacer par une autre partie munie d'un crayon ou d'un tire-ligne.

DU TIRE-LIGNE.

36. — *Le tire-ligne sert , comme l'indique son nom, à tracer des lignes sur le papier.* Il se compose de deux branches en acier parfaitement égales en longueur et que l'on peut rapprocher au moyen d'une vis. L'encre doit être mise entre les branches du tire-ligne avec une plume : on conçoit , en effet , que si l'on trempait l'instrument dans l'encre, on tacherait la règle , et par suite le papier.

DU DOUBLE-DÉCIMÈTRE.

37. — *Le double-décimètre est une petite pièce de bois longue, comme son nom l'indique , de deux décimètres.* Chaque décimètre est divisé en dix centimètres , et chaque centimètre en dix millimètres. Cet instrument sert à rapporter un plan sur le papier.

38. — *Le rapporteur* (fig. 10) *est un instrument destiné à rapporter sur le papier un angle mesuré sur le terrain. On s'en sert encore pour mesurer les angles sur le papier.* Il consiste en un demi-cercle en corne ou en cuivre divisé en 180° indiqués par des nombres placés de dix en dix divisions. Si l'instrument est en cuivre, la partie A B C est évidée, et le centre est indiqué par un petit cran. Deux autres entailles laissent voir les extrémités A et C du diamètre du demi-cercle. Le rapporteur en corne, à cause de sa transparence, n'a pas besoin de ces entailles, seulement il est percé au centre d'un petit trou. Pour mesurer un angle avec le rapporteur, on place le centre de l'instrument sur le sommet de l'angle, de manière que son diamètre coïncide avec l'un des côtés; la position de l'autre côté indiquera le nombre de degrés que contient l'angle.

CHAPITRE QUATRIÈME.

Combinaisons de la Ligne droite avec la Circonférence, ou Solutions de quelques problèmes relatifs au dessin linéaire.

39. — PROBLÈME 1ᵉʳ. *Elever une perpendiculaire sur le milieu d'une droite donnée.*

Soit A B (fig. 5) la droite donnée, des points A et B pris successivement pour centres, avec une ouverture de compas plus grande que la moitié de A B, décrivez au-dessus et au-dessous de la ligne deux arcs-de-cercle qui se coupent en O et O', joignez O O', et O C résout le problème.

40. — Problème 2ᵐᵉ. *Par un point donné sur une droite lui élever une perpendiculaire.*

On distingue deux cas dans la solution de ce problème : ou le point donné est entre les extrémités de la ligne, ou il est à l'une des extrémités.

Premier cas. — Soit le point donné O sur AB (fig. 11), prenez OC = OA, le point O devenant alors le milieu de AC, vous déterminerez, comme dans le problème précédent, le point O'. Joignez O'O, cette ligne sera la perpendiculaire demandée.

Deuxième cas. — Supposons que le point donné B soit à l'extrémité de AB (fig. 12). Du point O pris à volonté au-dessus de la ligne et avec OB pour rayon, décrivez une circonférence qui coupe AB en C, tirez le diamètre COD, menez DB, cette ligne sera la perpendiculaire demandée.

Remarquons que, si dans ce cas on pouvait prolonger la ligne donnée, le problème serait ramené au premier cas.

41. — Problème 3ᵉ. *Sur un point donné hors d'une droite, lui abaisser une perpendiculaire.*

Soit le point O donné au-dessus de A B (fig. 13), de ce point comme centre, et avec une ouverture de compas assez grande pour qu'elle puisse couper AB en deux points, décrivez l'arc-de-cercle C D, puis des points C et D comme centres, avec une ouverture de compas plus grande que la moitié de C D, décrivez deux arcs-de-cercle qui se coupent en O', la ligne O O' résout le problème.

42. — Remarquez qu'il peut arriver que le point O soit tel que l'arc décrit de ce point comme centre ne puisse pas couper la ligne en deux points. Voici, dans ce cas, la marche que l'on suit : du point A (fig. 14) pris sur A B, avec A O pour rayon, décrivez un arc-de-cercle, puis vous rapprochant de l'extrémité B, et du point C, avec C O pour rayon, décrivez un second arc-de-cercle qui coupe le premier en O et D, menez O D, ce sera la perpendiculaire cherchée.

43. On aurait pu résoudre les quatre problèmes précédens en se servant de l'équerre, Nº. 33; mais quand on tient à dessiner avec une grande exactitude, on doit préférer les autres procédés.

44. — Problème 4ᵐᵉ. *En un point donné d'une droite, faire un angle égal à un angle donné.*

Décrivez entre les côtés de l'angle donné A (fig. 6), avec une ouverture de compas arbitraire, l'arc-de-cercle DE, puis du point C comme centre, avec la même ouverture de compas, décrivez l'arc indéfini FG, prenez FG = ED, menez C G, l'angle G C F sera égal à l'angle donné A.

45. — Problème 5ᵐᵉ (A résoudre). *Faire un angle double, triple, etc., d'un angle donné.*

46. — Problème 6ᵐᵉ (A résoudre). *Faire un angle égal à la différence de deux angles donnés.*

47. — Problème 7ᵐᵉ. *Diviser un angle en deux parties égales.*

Soit donné l'angle A B C (fig. 15), du point B comme centre, avec une ouverture de compas arbitraire décrivez arc-de-cercle AC; puis des points A et C comme centres, avec une ouverture de compas plus grande que la moitié de la corde A D, décrivez deux arcs-de-cercle qui se coupent en O , menez B O , et cette ligne , qu'on nomme *bi-sextrice*, résout le problème.

48. — Problème 8ᵐᵉ. *Par un point donné hors d'une droite , mener une parallèle à cette droite.*

Il y a plusieurs manières de résoudre ce problème.

1° *Au moyen de perpendiculaires.* Menez CO perpendiculaire à A B (fig. 7) , puis au point O menez O D perpendiculaire à CO , cette ligne résout le problème.

2° *En se servant d'arcs égaux.* Du point B (fig. 16) comme centre , avec BO pour rayon , décrivez l'arc-de-cercle O C , puis d'un autre point pris sur la même ligne , A par exemple , avec la même ouverture de compas , décrivez l'arc indéfini D E , prenez D E = C O, joignez O E, cette ligne sera la parallèle demandée.

3° *Au moyen d'angles égaux.* (Fig. 17) Menez B C ; au point C , et avec C B faites l'angle D C B = C B A , la ligne C D sera la parallèle demandée.

4° *En se servant de la règle et de l'équerre.* Faites coïncider le plus grand côté de l'équerre avec la droite A B , (fig. 18) , puis placez la règle comme il est indiqué dans la figure , faites glisser l'équerre jusqu'à ce que le côté A B soit arrivé au point donné O; tracez CD , cette droite sera la parallèle demandée.

49. — Problème 9ᵐᵉ. *Diviser une ligne en deux parties égales.*

La solution du problème N° 39 contient implicitement celle de celui-ci.

50. — Problème. 10ᵐᵉ. *Diviser une ligne en autant de parties égales que l'on veut* (fig. 19).

Soit la ligne AB que l'on se propose de diviser en par-

ties égales , en cinq , par exemple. Menez AC de manière
que cette ligne fasse avec AB un angle d'une moyenne
grandeur , prenez sur AC, avec le compas , cinq distances
égales à partir du point A , joignez le dernier point de
division C avec l'extrémité B de la ligne AB et par tous
les autres points de division , menez des parallèles à CB ,
(48) ces parallèles couperont AB en cinq parties égales.

51. — *Autre solution.* Menez à la droite donnée A B
(fig. 20) une parallèle C D sur laquelle vous porterez cinq
ouvertures de compas égales , joignez C A que vous pro-
longerez jusqu'à ce qu'elle rencontre DB, joignez le point
O aux points de division , et la ligne A B sera coupée en
cinq parties égales.

52. — PROBLÈME 11me. *Diviser une ligne en parties
proportionnelles à des lignes données* (fig. 21).

La solution de ce problème a beaucoup de ressemblance
avec celle du précédent. Menez la ligne indéfinie DF qui
fasse avec DE un angle d'une grandeur ordinaire , prenez
DG=A , GH=B et HF=C , tirez FE. et par les points de
division menez des parallèles à cette ligne, elles couperont DE en parties proportionnelles à A, B, C.

On a déjà compris que ce problème peut être résolu par
le second procédé du problème précédent.

53. — PROBLÈME 12me. *Par deux points donnés faire
passer une circonférence* (fig. 22).

Soient A et B les deux points donnés. Joignez-les par
une ligne droite , et sur le milieu de cette droite élevez
une perpendiculaire (39) : chaque point de cette perpendiculaire pourra servir de centre à une circonférence qui
passera par les points A et B.

Si le rayon était donné, on prendrait A C ou B D = à ee rayon, les points C et D seraient alors les centres cherchés. On comprend que ce rayon devra toujours être au moins aussi grand que la moitié de la ligne qui joint les deux points.

54. — PROBLÈME 13ᵐᵉ. *Faire passer une circonférence par trois points donnés non en ligne droite.* (fig. 23)

Soient les trois points donnés A, B, C; menez A B, B C, et, sur le milieu de ces lignes, élevez les perpendiculaires D O et E O : le point de rencontre O sera le centre de la circonférence.

55. — PROBLÈME 14ᵐᵉ. (A R.) *Chercher le centre d'une circonférence ou d'un arc—de—cercle.*

56. — PROBLÈME 15ᵐᵉ. *Par un point donné, mener une tangente à une circonférence donnée* (fig. 24).

Nous considérerons deux cas dans la solution de ce problème : ou le point donné est sur la circonférence, ou il est en dehors de la circonférence.

1ᵉʳ *Cas.* Soit A le point donné sur la circonférence, menez le rayon OA, et à l'extrémité de ce rayon élevez une perpendiculaire, (40, 2ᵐᵉ cas) ce sera la tangente demandée.

2ᵉ. *Cas.* Soit B le point donné hors de la circonférence. Menez BO, sur cette ligne comme diamètre, décrivez une circonférence qui coupe la première aux points D et E, menez D B et E B; ces lignes seront tangentes à la circonférence. On voit que ce problème est susceptible de deux solutions, car les lignes D B et E B résolvent également le problème.

CHAPITRE CINQUIÈME.

Des Polygones ou Surfaces.

57. — *On appelle* POLYGONE *la surface comprise entre plusieurs lignes droites que l'on appelle les côtés du polygone.* ABCDEF (fig. 25).

58. — Les polygones sont *réguliers* ou *irréguliers*. Un *polygone est régulier lorsqu'il a ses angles et ses côtés égaux ;* il est *irrégulier* dans le cas contraire. ABCDEF (fig. 25) est un polygone irrégulier et ABCDEFGH (fig. 40) est un polygone régulier.

59. — Les polygones prennent différens noms suivant le nombre de leurs côtés ou de leurs angles. Ainsi on appelle *Triangle,* un polygone de 3 côtés ,

Quadrilatère	—	4 ,
Pentagone ,	—	5 ,
Hexagone ,	—	6 ,
Heptagone ,	—	7 ,
Octogone ,	—	8 ,
Ennéagone ,	—	9 ,
Décagone ,	—	10 ,
Etc.		

DU TRIANGLE.

60. — Les triangles prennent différens noms, suivant la grandeur de leurs côtés ou de leurs angles. Relativement à la grandeur de ses côtés, un triangle s'appelle

équilatéral quand ses trois côtés sont égaux, A B C (fig. 27) ; *isocèle*, s'il a deux côtés égaux, C D E (fig. 28) ; et *scalène*, si les trois côtés sont inégaux. A B D (fig. 29).

61. — Considéré relativement à la nature de ses angles, un triangle s'appelle *équiangle* quand ses trois angles sont égaux, A B C (fig. 27) ; *acutangle*, lorsque ses angles sont aigus, C D E (fig. 28) ; *obtusangle*, s'il a un angle obtus, A B C (fig. 38) ; et *rectangle*, quand il a un angle droit : le côté opposé à l'angle droit s'appelle *hypothénuse*, A B O (fig. 30).

62. — On appelle *hauteur* d'un triangle *la perpendiculaire abaissée de l'un des sommets sur le côté opposé ou sur son prolongement*. Ce côté prend alors le nom de *base du triangle ;* d'où il suit qu'on prend pour base d'un triangle le côté que l'on veut. Dans le triangle A B C (fig. 27), si B C est la base, A D sera la hauteur.

DU QUADRILATÈRE.

63. — Parmi les quadrilatères on distingue *le carré*, *le rectangle*, *le parallélogramme*, *le losange ou rhombe et le trapèze*.

64. — *On appelle carré un quadrilatère qui a les angles droits et les côtés égaux entre eux.* A B C D (fig. 31).

65. — *Le rectangle, appelé communément carré long, est un quadrilatère qui a les angles droits et les côtés opposés égaux et parallèles.* A B C D (fig. 32).

66. — *Le parallélogramme est un quadrilatère dont les côtés opposés sont égaux et parallèles, mais dont les angles ne sont pas droits.* A B C D (fig. 33).

67. — *Le losange ou rhombe est une espèce de parallélogramme dont les côtés sont égaux entre eux.* A B C D (fig. 34).

68. — *Le trapèze est un quadrilatère dont deux côtés sont parallèles.* A B C D (fig. 35).

69. — Dans un carré, un rectangle, un parallélogramme, un losange, on donne le nom de *base à l'un des côtés*, et l'on appelle *hauteur la perpendiculaire abaissée sur la base*, *de l'un des points du côté opposé à cette base.*

Il suit de là que la hauteur d'un carré et d'un rectangle n'est autre que l'un des côtés adjacens à la base.

Dans un trapèze la hauteur est la perpendiculaire abaissée d'un des points d'un côté parallèle sur l'autre.

CHAPITRE SIXIÉME.

Problèmes relatifs aux Polygones.

70. — Problème 1er. *Construire un triangle équilatéral dont on connait le côté.*

71. — Soit A (fig. 27) le côté donné : faites A B = A, puis des points A et B comme centres, avec A pour rayon, décrivez deux arcs-de-cercle qui se coupent en C; joignez CA et CB, le triangle ACB sera le triangle demandé.

72. — Problème 2me. *Construire un triangle isocèle dont on connaît le troisième côté A et l'un des deux côtés égaux B* (fig. 28).

Tirez CD = A, puis des points C et D comme centres, avec B pour rayon, déterminez le point E, joignez E C, E D, le triangle résultant résout le problème.

73. — Problème 3me. *Construire un triangle isocèle dont on connait le troisième côté et l'un des deux angles adjacens.*

Faites CD = au côté donné A (fig. 36), puis à chacune des extrémités, faites un angle égal à l'angle donné B (44) le triangle résultant est le triangle demandé.

74. — Problème 4ᵐᵉ. *Construire un triangle isocèle dont on connaît le troisième côté ou base A, et la hauteur B. (fig. 37).*

La perpendiculaire à la base d'un triangle isocèle tombe sur le milieu de cette base : faisons donc C D = A, et par le point O, milieu de cette ligne, élevons la perpendiculaire OF = B ; menons F C, F D, le triangle FCD résout le problème.

75. — Problème 6ᵐᵉ. *Construire un triangle scalène dont on connaît les trois côtés A, B, C. (fig. 29).*

Faites A B = B, puis du point A comme centre, avec A pour rayon, décrivez un arc-de-cercle ; du point B comme centre, avec C pour rayon, décrivez un autre arc-de-cercle qui coupe le premier en D ; joignez DA, DB, vous aurez le triangle demandé.

On aurait pu faire la construction sur tout autre côté que B ; mais, dans tous les cas, elle ne sera possible qu'autant que le côté sur lequel on opérera sera plus petit que la somme des deux autres et plus grand que leur différence. Cela se comprend aisément : car si le côté sur lequel on opère ne réunissait pas les deux conditions, les arcs-de-cercle ne se couperaient pas, il n'y aurait pas de troisième point, et partant pas de triangle possible.

76. — Problème 6ᵐᵉ. *Construire un triangle équiangle dont on connaît le côté.*

Si nous observons qu'un triangle équiangle est en même temps équilatéral, et réciproquement, la construction se fera comme au N° 70.

77. — Problème 7me. *Construire un triangle obtusangle dont on connaît l'angle obtus C et les côtés A et B qui le comprennent* (fig. 38).

Prenez A B = B, au point B menez BC = A qui fasse avec A B un angle égal à C ; tirez A C, vous aurez le triangle demandé.

78. — Problème 8me. *Construire un triangle acutangle dont on connaît un angle aigu C et les côtés A et B qui le comprennent.* (fig. 39).

Prenez A B = A, au point A menez AC = B, qui fasse avec AB un angle égal à C ; tirez CB, vous aurez le triangle demandé.

79. — Problème 9me A. R. *(à résoudre). Construire un triangle rectangle dont on connaît les deux côtés qui comprennent l'angle droit.*

80. — Problème 10me. *Construire un triangle rectangle dont on connaît l'hypothénuse A et l'un des côtés B qui comprennent l'angle droit.*

Faites A B = B (fig. 30), au point A menez A O perpendiculaire, puis du point B comme centre, avec une ouverture de compas = A, décrivez un arc-de-cercle qui coupe A O en O, menez B O, vous aurez le triangle rectangle demandé.

81. — Problème 11me. (A. R.) *Construire un triangle rectangle dont on connaît l'hypothénuse et un angle aigu.*

82. — Problème 12me. (A. R.) *Construire un triangle rectangle dont on connaît un des côtés qui comprennent l'angle droit.*

83. — Problème 13me. (A. R.) *Construire un triangle rectangle isocèle dont on connaît l'hypothénuse.*

La solution de ce problème ne présente pas de difficulté si l'on observe que les deux angles aigus d'un tel triangle sont égaux et valent par conséquent un demi droit ou 45°.

84. — Problème 14me. (A. R.) *Construire un carré dont on connaît le côté.*

Voyez N° 64 et la solution ne présentera aucune difficulté.

85. Problème 15me. (A. R.) *Construire un carré dont on connaît la diagonale.*

Observons que les diagonales d'un carré se coupent en deux parties égales et à angles droits, et la solution ne présentera pas de difficultés.

86. — Problème 16me. (A. R.) *Construire un rectangle donton connaît les deux côtés contigus.*

87. Problème 17me. (A. R.) *Connaissant l'un des angles que forment entre elles les diagonales d'un rectangle, et l'une de ces diagonales, construire le rectangle.*

La construction se fera aisément si l'on observe que les diagonales d'un rectangle sont égales et se coupent mutuellement en deux parties égales.

88. — Problème. 18me. (A. R.) *Construire un parallélogramme dont on connaît les deux diagonales et l'un des angles qu'elles forment dans le parallélogramme.*

On parviendra aisément à la solution de ce problème, en observant que les diagonales d'un parallélogramme se coupent mutuellement en deux parties égales.

89. — Problème 19me. (A. R.) *Construire un losange dont on connaît un côté et un angle.*

Rappelons-nous la définition du losange, et sa construction ne présentera pas plus de difficultés que celle du parallélogramme.

90. **Problème 20ᵐᵉ.** (A. R.) *Construire un losange dont on connaît les deux diagonales.*

Observons que les diagonales d'un losange se coupent, non-seulement en deux parties égales, mais encore perpendiculairement, et nous résoudrons facilement le problème.

91. — **Problème 21ᵐᵉ.** *Faire un polygone égal à un polygone donné* ABCDEF. (fig. 25)

Prenez $ab = $ AB, au point a faites l'angle $baf = $ BAF (47) et prenez $af = $ AF. Continuez de la même manière, et faites les angles $f, e, d, c, b, = $ aux angles F, E, D, C, B en ayant soin de faire fe, ed, etc., respectivement égales à FE, ED, etc. : le polygone résultant $abcdef$ sera égal au polygone proposé.

Autre moyen : menez par tous les sommets (fig. 26) du polygone et dans le même sens, des lignes Bb, Aa, Ff, etc., égales et parallèles, joignez ba, af, fe, etc., vous aurez le polygone demandé.

92. — **Problème 22ᵐᵉ.** *Copier une figure irrégulière terminée par des lignes courbes et des lignes droites.*

On place le dessin original dans un cadre traversé par des fils de soie bien tendus qui forment des carrés égaux, ou si l'on n'a pas un pareil instrument, on encadre le dessin dans un carré ou un rectangle fait au crayon et qu'on divise en carrés égaux. On trace un cadre semblable sur la feuille où l'on veut copier le dessin, on numérote chacune des lignes de division afin de distinguer aisément deux carrés semblablement placés, et on dessine à *peu près* dans chaque carré ce qui se trouve dessiné dans le même carré de l'original. Telle est la méthode qu'on emploie pour tracer des cartes de géographie. Les méridiens et les parallèles, dans ces sortes de dessins, remplacent les lignes que l'on se voit obligé de tracer pour les figures irrégulières. Ce procédé est connu sous le nom de *méthode des carreaux.*

CHAPITRE SEPTIÈME.

Division de la Circonférence en parties égales, et inscription des polygones réguliers.

93. — **Problème 1ᵉʳ.** *Diviser une circonférence en 4 parties égales, et par suite inscrire un carré dans un cercle* (*).

Tirez deux diamètres AB et CD perpendiculaires (fig. 40) la circonférence sera divisée en 4 parties égales aux points A,C,B,D. Si l'on mène AC, CB, BD, DA, la figure résultante sera le carré inscrit.

Si l'on divise les arcs AD, DB, BC, CA, en deux parties égales aux points E,F,G,H, et qu'on joigne les sommets du carré avec ces points de division, on aura un octogone

(*) on dit qu'un polygone est *inscrit* dans un cercle lorsque tous les sommets sont sur la circonférence, et qu'il est *circonscrit* lorsque tous ses côtés sont des tangentes au cercle.

régulier ; de sorte que si l'on continue cette division des arcs en deux parties égales , on parviendra à inscrire des polygones réguliers de 16 , 32 , 64 , etc., côtés.

94. — PROBLÈME 2ᵐᵉ. *Diviser une circonférence en cinq parties égales , et par suite inscrire un polygone régulier dans un cercle* (fig. 41).

Sur le milieu du diamètre AB élevez le rayon perpendiculaire O C ; puis du point D , milieu de A O , avec D C pour rayon , décrivez l'arc-de-cercle C E ; prenez ensuite une ouverture de compas égale à la corde C E , elle pourra être portée cinq fois sur la circonférence.

Si l'on joint les points de division , le polygone résultant sera le pentagone régulier demandé.

En opérant comme précédemment (Nᵒ 93), on parviendra à inscrire un polygone régulier de 10 , 20 , 40 , etc., côtés.

95. — PROBLÈME 3ᵐᵉ. *Diviser une circonférence en six parties égales , et par suite un hexagone régulier* (fig. 42).

Prenez une ouverture de compas égale au rayon O A , elle pourra être portée six fois sur la circonférence. Joignez AB , BC , CB , etc., le polygone résultant sera le polygone régulier cherché.

Même observation qu'au Nᵒ 93. Remarquons aussi que si l'on voulait diviser la circonférence en 3 parties égales , et par suite inscrire un triangle équilatéral , il suffirait de joindre de deux en deux les sommets de l'hexagone régulier.

96. — PROBLÈME 4ᵐᵉ. *Diviser une circonférence en sept parties égales et par suite inscrire un heptagone régulier.* (fig. 43.)

Du point A comme centre, avec AO pour rayon, décrivez un arc-de cercle qui coupe la circonférence en B et C ; menez C B ; D B ou D C pourra être porté 7 fois sur la circonférence. D'après cela il sera facile d'inscrire un polygone régulier de 7, de 14, de 28, etc., côtés.

97. — Problème 5me. *Diviser une circonférence en quinze parties égales, et par suite inscrire un pentédécagone régulier dans un cercle.* (fig. 44).   (*)

Soit A B et A C les côtés respectifs de l'hexagone et du décagone réguliers inscrits. Nous avons arç CB $=$ AB — AC, ou CB $= \frac{1}{6}$ de la circonférence — $\frac{1}{10} = \frac{10}{60} - \frac{6}{60} = \frac{4}{60} = \frac{1}{15}$. Ainsi l'arc CB est la quinzième partie de la circonférence. Donc cette quinzième partie de la circonférence est égale à la différence de la $\frac{1}{6}$ et de la $\frac{1}{10}$, lesquelles sont faciles à déterminer. — Même observation qu'au N° 93.

98. — Problème 6me. *Diviser une circonférence en autant de parties égales que l'on veut, et par suite inscrire un polygone régulier d'un nombre quelconque de côtés.*

Soit donnée la circonférence (fig. 45), et proposons-nous de la diviser en 5 parties égales, par exemple. Menons le diamètre A B que nous diviserons en cinq parties égales (N° 50), puis des extrémités A et B du diamètre prises comme centres, avec AB pour rayon, décrivons deux arcs-de-cercle qui se coupent en O, joignons ce point avec l'avant-dernier point de division E en prolongeant la ligne jusqu'à la rencontre en G de la circonférence, BG sera la quinzième partie cherchée.

99. — Problème 7me. *Circonscrire un cercle à un triangle.*

(*) Un pentédécagone est un polygone de quinze côtés.

Voir N° 54, et le problème ne présentera aucune difficulté.

100. Problème 8ᵐᵉ. *Inscrire un cercle dans un triangle quelconque* A B C (fig. 46.)

Divisez les angles A, B, C, en deux parties égales (N° 47) par les bisextrices A O, B O et C O : le point O sera le centre du cercle dont le rayon sera la perpendiculaire O D abaissée de ce point sur l'un des côtés.

101. — Problème 9ᵐᵉ. *Circonscrire un polygone régulier quelconque à une circonférence donnée.*

Proposons-nous, par exemple, de circonscrire un hexagone régulier. Inscrivons, par les procédés indiqués ci-dessus, un polygone régulier d'un même nombre de côtés que celui que l'on veut circonscrire : soit A B (fig. 47), le côté de l'hexagone régulier, et O le centre du cercle ; menons O A et O B, tirons O G perpendiculaire sur A B, et au point G menons une tangente (N° 56) que nous limiterons à la rencontre de O A et de O B ; opérons de la même manière à l'égard des autres côtés, nous obtiendrons le polygone circonscrit demandé

CHAPITRE HUITIÈME.

Des Spirales et des Ellipses.

102. — Le mot spirale veut dire *entortillement :* aussi donne-t-on ce nom à une ligne courbe, composée de plusieurs arcs-de-cercle, qui semble s'entortiller autour d'un point qu'on appelle centre de la spirale.

Il y a des spirales à deux, à trois centres, etc. Voici la manière de les construire.

103. — PROBLÈME 1er. *Tracer une spirale à deux centres* (fig. 48).

Du point A, pris sur la ligne droite indéfinie M N, décrivez, avec un rayon arbitraire, la demi-circonférence B C; puis du point B, avec B C pour rayon, décrivez la demi-circonférence C D que vous limiterez à la rencontre de M N. Continuez de prendre alternativement A et B pour centres et leur distance à l'extrémité du dernier arc-de-cercle pour rayon, décrivez des demi-circonférences, elles composeront la spirale demandée.

104. — PROBLÈME 2°. *Tracer une spirale à trois centres* (fig. 49).

Construisez un triangle équilatéral A B C, prolongez ses côtés dans le même ordre, puis des points C B A pris successivement pour centres, avec C A, B D, A E pour rayons, décrivez les arcs-de-cercle A D, D E, E F, que vous limiterez à la rencontre des côtés prolongés. Continuez à opérer de la même manière, vous obtiendrez la spirale à trois centres.

105. — PROBLÈME 3me. *Tracer des spirales à quatre, cinq centres.*

Ce qui vient d'être dit pour le tracé des spirales à trois centres, et la seule vue de la spirale fig. 50 nous dispensent d'indiquer la construction de ces courbes.

DES ELLIPSES.

106. — On appelle ellipse une figure circulaire composée de plusieurs arcs-de-cercle qui se raccordent de manière à présenter une courbe agréable à l'œil.

107. — Parmi les ellipses on distingue : l'ellipse ordinaire, l'ellipse appelée anse de panier, l'ellipse du jardinier, etc. Voici les moyens le plus communément employés pour tracer ces sortes de courbes.

108. — Problème 4ᵐᵉ. *Tracer une ellipse ordinaire* (fig. 52).

Soit AB la longueur ou *grand axe* (*) de cette ellipse : divisez-la en trois parties égales AC, CD et DB ; sur la partie du milieu CD construisez au-dessus et au-dessous des triangles équilatéraux CFD, CED dont vous prolongez les côtés extérieurs : les quatre points C, D, E, F seront les centres des arcs-de-cercle GK, HJ, KJ et GH qui se raccorderont aux points G, K, J, H.

109. — Problème 5ᵐᵉ. *Tracer une ellipse dont on connaît les deux axes* (fig. 53).

Placez les deux axes AB, CD de manière qu'ils se coupent perpendiculairement par leurs milieux ; menez CA, prenez AE égale à la différence de AO et CO et reportez le de C en F, de D en G sur CA et DA. Elevez les perpendiculaires HK et LM sur le milieu de FA et de GA, et prolongez-les jusqu'à la rencontre du petit axe prolongé. Faites la même construction de l'autre côté, et les points E, K, P, M seront le centre des arcs QR, RS, ST et TQ, qui composeront l'ellipse demandée.

110. — *Remarque.* La courbe appelée anse de panier se construit absolument de la même manière que l'ellipse précédente.

(*) Cette ligne est ainsi appelée par rapport à MN qui lui est perpendiculaire par le milieu et que l'on appelle *petit-axe*.

111. — **Problème 6**. *Tracer l'ellipse du jardinier* (fig. 54).

Tirez les deux axes AB, CD, qui se coupent perpendiculairement par leurs milieux, du point C, comme centre, avec AO pour rayon, décrivez l'arc-de-cercle MN, prenez un cordeau double de AO, fixez-en les extrémités aux points M, N, placez une pointe à tracer dans le pli C, en ayant soin de tenir toujours cette pointe bien verticale et le cordeau parfaitement tendu, mettez cette pointe en mouvement, elle décrira l'ellipse du jardinier.

112. — **Problème 7ᵐᵉ**. *Construire un cintre surmonté.* (fig. 55.)

Sur le milieu de AB élevez la perpendiculaire CD = CA ; menez AF et BE, les points A, B, D seront les centres des arcs-de-cercle BF, AE, EF.

113. — **Problème 8ᵐᵉ**. *Construire un cintre surbaissé.* (fig. 56.)

La seule vue de la figure nous fait voir que le cintre surbaissé se construit comme la première partie de l'ellipse ordinaire.

114. — **Problème 9ᵐᵉ**. *Tracer une ove ou ovoïde* (fig 57).

La partie supérieure de l'ove est semblable au cintre surmonté, la partie inférieure est un demi-cercle décrit du milieu de la base, et qui se raccorde avec les autres arcs-de-cercle aux extrémités de cette base.

CHAPITRE NEUVIÈME.

Des Moulures.

115. — *Les moulures sont des parties saillantes ou rentrantes qui servent d'ornement à l'architecture.*

116. – Il y a des moulures droites et des moulures circu-laires: les moulures droites sont: le *filet*, le *larmier* et la *plate-bande* ; les moulures circulaires sont : la *baguette*, le *quart de rond*, la *gorge*, le *caret*, la *scotie*, le *talon* et la *doucine*.

DES MOULURES DROITES.

117. — *Le filet ou listel est une moulure carrée, étroite, dont la saillie égale la hauteur. La seule vue de la figure indique la manière de la tracer* (fig. 58).

118. — *Le larmier* (fig. 59) *est une moulure large et saillante, creusée souvent en dessous pour préserver l'édifice des eaux du ciel.* La partie supérieure est une petite courbe qui se raccorde avec la partie inférieure par une ligne droite.

119. — *La plate-bande* (fig. 60) *est une moulure large, plate et très-peu saillante.* Sa construction ne présente aucune difficulté.

DES MOULURES CIRCULAIRES.

120. — *La baguette est une moulure étroite et demi-ronde dont la saillie égale la moitié de la hauteur* (fig. 61). Pour tracer une baguette on décrit, au point C milieu de la hauteur AB, une demi-circonférence ADB. Une baguette d'une assez grande hauteur s'appelle *tore* ou *boudin*.

121. — *Le quart de rond est une moulure circulaire formée d'un quart de cercle dont la saillie égale la hauteur.*

Tracer un quart de rond. Du point A (fig. 62), extrémité de la perpendiculaire BA, décrivez, avec AB pour rayon, l'arc-de-cercle BC, cet arc-de-cercle est le quart de rond demandé. La figure 62 bis représente un quart de rond renversé. Il se construit comme le précédent.

122. — *La gorge est une moulure circulaire rentrante*

dont la saillie égale la hauteur. Tracer une gorge (fig. 63).
Par le point O, milieu de la perpendiculaire AB qui représente la hauteur de la gorge, décrivez, en dedans des parallèles, le demi-cercle A C B.

123. — *Le cavet est une moulure circulaire dont la saillie égale la hauteur.* C'est un véritable quart de rond tracé inversement. Il se forme d'un demi-cercle dont le rayon égale la moitié de la hauteur. (fig. 64).

Un petit cavet s'appelle *congé.*

124. — *La scotie est une moulure circulaire rentrante formée de deux arcs-de-cercle qui se raccordent.* Tracer une scotie (fig. 64 bis). Divisez la hauteur AB en trois parties égales, par le point D menez E F parallèle à BH, prenez D E, D F = D B, les points D et E seront les centres des arcs-de-cercle B F et F G.

125. — *Le talon est une moulure mi-partie saillante et rentrante dont la saillie égale la hauteur ; il se compose d'un quart de rond et d'un congé.*

126. — Tracer un talon (fig. 65).

Après avoir déterminé la saillie M B qui est égale à la verticale M A, tracez AB dont vous indiquerez le milieu O, et par ce point menez C D perpendiculaire aux deux parallèles ; les points C et D sont les centres des arcs-de-cercle AO et OB qui forment le talon.

127. — Tracer un talon allongé (fig. 66).

Menez AB que vous diviserez en deux parties égales au point O ; sur AO et O B construisez les triangles équilatéraux AOC et ODB, les sommets C et D sont les centres des arcs de cercle AO et OB.

128. — *La doucine est, comme le talon, une moulure mi-*

partie saillante et rentrante composée d'un cavet et d'un quart de rond , mais disposés en sens inverse de ceux du talon.

129. — Tracer une doucine (fig. 67).

Tirez AB , par le point O, milieu de cette ligne , menez CD parallèle aux horizontales MA , NB , tirez AC et BD perpendiculaires sur CD , les points C et D seront les centres des arcs AO et OB qui forment la doucine.

130. — Tracer une doucine allongée (fig. 68).

Menez AB que vous diviserez en deux parties égales au point O , sur AO et OB construisez les triangles équilatéraux AOC et ODB , les sommets C et D seront les centres des arcs-de-cercle AO et OB.

SECONDE PARTIE.

APPLICATIONS USUELLES DE LA GÉOMÉTRIE,

à l'arpentage et à la division des surfaces.

CHAPITRE PREMIER.

Instruments dont on se sert pour arpenter.

131. L'Arpentage est l'art de mesurer les surfaces. Quand on arpente, plusieurs instruments sont nécessaires ; les principaux sont : les jalons, l'équerre, la chaîne, les fiches.

DES JALONS.

132. Les jalons sont de petites baguettes en bois, aussi droites que possible, d'environ 1 m. 50 de hauteur. L'une des extrémités est aiguë, afin de pouvoir se fixer aisément en terre; l'autre est fendue de manière qu'elle puisse recevoir un carton blanc. On se sert des jalons pour indiquer le sommet des polygones que l'on arpente et pour tracer des alignemens.

133. *Tracer un alignement.* Tracer un alignement c'est indiquer une ligne droite par un certain nombre de jalons. Pour y parvenir on place un jalon à chacune des extré-

mités de la ligne que l'on veut figurer ; puis , se plaçant derrière l'un d'eux , à une petite distance , on fait planter, de loin en loin , des jalons intermédiaires, de manière que le premier couvre exactement la file de tous les autres.

DE L'ÉQUERRE.

134. L'équerre d'arpenteur est un instrument dont on se sert pour élever et abaisser des perpendiculaires. C'est un corps creux , de forme octogonale ; chacune des faces est percée de petites fentes ou *pinnules* dont les directions sont perpendiculaires de deux en deux. Quelquefois , au lieu de petites fentes , on trouve des ouvertures rectangulaires assez grandes , dont le milieu est indiqué par un crin qui se tend à l'aide d'une petite vis. Souvent aussi on rencontre des équerres qui , à raison de ce qu'elles ont huit faces , présentent des pinnules ordinaires et des pinnules à crin.

135. PROBLÊME. *Par un point donné sur une droite, lui élever une perpendiculaire.* (fig. 106. pl. 5ᵐᵉ.)

Soit le point C donné sur l'alignement A C B ; plantez verticalement l'équerre en ce point, dirigez l'une des pinnules sur l'un des jalons A ou B , faites planter un jalon dans la direction des deux autres pinnules qui coupent à angles droits celles dont on vient de se servir, ce jalon avec le pied de l'équerre indiquera la perpendiculaire demandée.

136. PROBLÊME. *Par un point donné hors d'une droite, abaisser une perpendiculaire sur cette droite.* (fig. 107.)

Soit le point C donné hors de l'alignement A B. L'arpenteur place son équerre au point qu'il juge être le pied de la perpendiculaire. Après s'être assuré que l'équerre est bien dans l'alignement A B, il regarde par les pinnules que coupent perpendiculairement celles dirigées sur A et B, et si le jalon C. se trouve dans leur direction, l'équerre est au pied de la perpendiculaire.

137. Il arrive très-rarement que l'on trouve de suite le pied de la perpendiculaire. On pourra diminuer le nombre des tâtonnemens en observant à quelle distance du jalon C. tombe la direction donnée par un premier coup d'équerre, on se rapproche *approximativement* de cette distance, à gauche ou à droite suivant que le jalon C se trouvera à gauche ou à droite de la direction précédemment obtenue.

138. Ces deux procédés seraient parfaits si l'équerre dont on se sert était *juste* : il faut donc, avant de se servir d'une équerre, la vérifier avec soin ; car il arriverait qu'une erreur, minime en apparence, pourrait devenir considérable dans certains cas. Pour arriver à ce but on place l'équerre dans une vaste plaine, et on plante, à une aussi grande distance que possible, des jalons dans la direction des pinnules. On fait faire un quart de tour à l'équerre, et les jalons doivent encore se trouver dans la direction des nouvelles pinnules qui les regardent. Il sera bon, toutefois, de recommencer l'opération ; car il pourrait arriver que le quart de révolution opéré par l'équerre eût seul produit l'erreur.

DE LA CHAÎNE.

139. La chaîne, appelée communément décamètre,

sert à mesurer les longueurs. Elle se compose de cinquante morceaux de gros fil-de-fer de chacun deux décimètres de long en y comprenant le petit anneau qui les unit. Les extrémités de la chaîne sont munies de poignées qui entrent dans la longueur de la chaîne. Les mètres sont distingués les uns des autres par des anneaux en cuivre, celui du milieu porte un signe distinctif.

140. *Chaîner une longueur.* L'aide, ou porte-chaîne, marche en avant avec les dix fiches à la main, il tend parfaitement la chaîne, et ne plante la fiche que quand on le lui indique, c'est-à-dire quand cette fiche se trouve dans l'alignement. Le nombre des fiches employées indique en décamètres la longueur de la ligne ; à ce nombre de décamètres il faut ajouter les mètres, et décimètres ou centimètres qui complètent la longueur de la ligne. Pour mesurer ces centimètres on se sert du pied de l'équerre qui présente ordinairement un mètre divisé en décimètres et centimètres. Il pourrait arriver que l'on rencontrât un terrain peu régulier, coupé par des rideaux ou des fossés, ou un terrain en pente : dans ce cas il faut avoir soin de tendre toujours la chaîne horizontalement.

DES FICHES.

141. Les fiches sont de petits piquets en fer, ordinairement de 3 ou 4 décimètres de longueur. L'une des extrémités est aiguë, l'autre est terminée en anneau afin de la porter avec facilité, et de la fixer aisément en terre. Les fiches servent à indiquer les portées de chaînes.

CHAPITRE DEUXIÈME.

Mesure des Surfaces.

Marche générale à suivre avant d'opérer.

142. *Plantez des jalons à tous les sommets du polygone.*

Indiquez sur le papier, le plus exactement possible, le terrain que vous arpentez.

Dessinez l'alignement que vous tracez sur le terrain ainsi que les perpendiculaires que vous devrez élever.

Ecrivez les longueurs au fur et à mesure que vous mesurez les lignes.

Telles sont les précautions à prendre et dont la pratique démontrera l'importance.

143. PROBLÈME 1er. *Mesurer un carré.*

Pour trouver la superficie d'un carré on multiplie son côté par lui-même, c-à-d. le nombre de mètres ou de décamètres que contient ce côté, suivant qu'on prend le mètre ou le décamètre pour unité. Si chaque côté du carré A B C D (fig. 34) avait, par exemple, 94 mètres, sa superficie serait exprimée par CD^2 ou $94 \times 94 = 8836$ mèt. car. ou centiares, ou encore par 88 ares 36 centiares,

Cette manière de mesurer le carré se comprend aisément. En effet, soit le carré A B C D (fig. 69.), supposons que chacun des côtés ait 4 m. de long, divisons deux côtés apposés A B et C D en quatre parties égales, chacune de ces parties aura un mètre de long, et si nous unissons ces points de division par des lignes droites ef, gh, kl, nous partagerons le carré en quatre bandes rectangulaires qui auront 4 m. de long sur 1 m. de large. Si nous opérons de la même manière à l'égard des côtés AC et BD, nous diviserons chacune de ces bandes rectangulaires en 4 carrés égaux de chacun 1 m. de côté; mais comme il y a quatre de ces bandes, nous aurons 4 fois 4 mètres carrés ou 16 m. carrés.

144. PROBLÈME 2e. (A. R.) *Construire sur le terrain un carré qui ait 94 m. de côté.*.

145. PROBLÈME 3e. (A. R.) *Déterminer le côté d'un carré qui a 178 ares 36 cent. de superficie.*

146. PROBLÈME 4e. *Trouver la superficie d'un rectangle.*

La superficie d'un rectangle s'obtient en multipliant sa base par sa hauteur. Ainsi la surface du rectangle ABCD (fig. 32.) s'exprime par $C D \times C A$. Si donc C D avait 72 m. de long et C A, 35 m. la surface serait $72 \times 35 = 25$ a. 20 c.

Même démonstration que pour le carré.

147. PROBLÈME 5e. (A. R.) *Construire sur le terrain un rectangle de 45 m. de base sur 15 de hauteur.*

148. PROBLÈME 6e. (A. R.) *Déterminer la hauteur d'un rectangle qui a 46 m. de base et 10 ares 12 cent. de surface.*

149. PROBLÈME 7e. (A. R.) *Déterminer la base d'un rectangle qui a 22 m. de hauteur et 22 ares 45 centiares de superficie.*

147. — Problème 5ᵐᵉ. (A. R.) *Construire sur le terrain un rectangle de 45 mètres de base sur 15 de hauteur.*

148. — Problème 6ᵐᵉ. (A.R.) *Déterminer la hauteur d'un rectangle qui a 46 mètres de base et 10 ares 12 centiares de surface.*

149. — Problème 7ᵐᵉ. (A. R.) *Déterminer la base d'un rectangle qui a 22 mètres de hauteur et 22 ares 45 cent. de superficie.*

150. — Problème 8ᵐᵉ. *Mesurer un parallélogramme.*

On trouve la superficie d'un parallélogramme en multipliant sa base par sa hauteur (69). Ainsi la superficie du parallélogramme ABCD (fig. 33) = CD $\times$ EF ou 130 mètres $\times$ 60 mètres = 78 ares 00 cent.

La seule vue de la figure 71 nous montre que le parallélogramme ABCD est équivalent au rectangle CDEF ; car ces deux surfaces ont une partie commune ACDE, et le triangle BED du parallélogramme est égal au triangle AFC du rectangle. Ils ont même base CD et même hauteur ED, de sorte que la superficie du parallélogramme s'obtient, comme celle du rectangle, en multipliant sa base par sa hauteur.

151. — *Remarque.* — On déduit facilement de ce qui précède la mesure du losange.

152. — Problème 9ᵉ. (A. R.) *Déterminer la surface d'un parallélogramme qui a 37 m, 4 de base et 18 m. de haut.*

153 — Problème 10ᵉ (A. R.) *Déterminer la hauteur d'un parallélogramme qui a 42 a. de superficie et 78 m. de base.*

154. Problème 11ᵐᵉ. (A. R.) *Déterminer la surface d'un losange dont la base a 34 m.75 et la haut. 12 m. 45 c. de haut.*

155. — Problème 17ᵐᵉ. *Calculer la surface d'un triangle.*

On trouve la surface d'un triangle en multipliant sa base par la moitié de sa hauteur, ou sa hauteur par la moitié de sa base, ou encore en prenant la moitié du produit de la base par la hauteur. Ainsi la surface du triangle ABC (fig. 27) qui a 92 m. de base et 90 de hauteur sera :

$$BC \times \tfrac{1}{2} AM \text{ ou } 92 \times 45 = 41 \text{ ares } 40 \text{ cent.}$$

$$\text{ou } AM \times \tfrac{1}{2} BC \text{ ou } 99 \times 46 = 41 \text{ ares } 40 \text{ cent.}$$

$$\text{ou encore } \frac{(BC \times AM)}{2} \text{ ou } \frac{(92 \times 90)}{2} = 41 \text{ ares } 40 \text{ cent.}$$

Le premier de ces procédés est généralement le plus suivi.

Expliquons pourquoi on procède de cette manière : aux extrémités de la base BD du triangle ABD (fig.72) élevons les perpendiculaires BE, DF = à la hauteur du triangle, menons EF par le sommet A, le triangle donné sera encadré dans un rectangle dont il est la moitié. En effet, la partie ABC du triangle est évidemment égale au triangle A E B , de même que ACD est égal à DFA : le triangle a donc une superficie égale à la moitié de celle du rectangle, donc (N°. 155).

156. — **Problème 18me.** (A. R.) *Calculer successivement, par les trois procédés indiqués ci-dessus, la superficie d'un triangle qui a 204 mètres de base sur 170 de hauteur.*

157. — **Problème 19me.** (A. R.) *Déterminer la base d'un triangle qui a 19 ares 45 c. de superficie et 72 mètres de hauteur.*

158. — **Problème 20me.** (A. R.) *Chercher la hauteur d'un triangle qui a 34 m. 75 de surface et 36 m. de base.*

159. — *Remarque.* De ce que l'on peut prendre pour base d'un triangle le côté que l'on veut, il s'en suit que

la hauteur ou perpendiculaire pourra quelquefois tomber sur le prolongement de la base. Dans le triangle A B C , (fig. 74) si l'on prend BC pour base , la hauteur sera la perpendiculaire A H qui tombe sur le prolongement de la base ; de sorte que si BC a 28 m. et AH 25 la superficie sera $25 \times 14 = 3$ ares 50 cent. Si on comprenait B H dans la longueur de la base , on aurait la superficie du triangle AHC , et non celle de ABC que nous cherchons.

160. — *Autre Remarque.* Si le triangle était rectangle , il suffirait de mesurer les côtés perpendiculaires , car l'un serait la base et l'autre la hauteur.

161. — PROBLÈME 12ᵐᵉ. (A. R.) *Mesurer un trapèze.*

On trouve la superficie d'un trapèze en multipliant la demi-somme des côtés parallèles par la hauteur (69).

Ainsi la superficie du trapèze A B C D (fig. 35) sera $\frac{(A B + CD)}{2} \times AH$, ou $\frac{(48 + 92)}{2} \times 32 = 70 \times 32 =$ 22 ares 40 centiares.

Le trapèze ABCD 73 peut se décomposer par la diagonale AD en deux triangles ADB et ADC qui ont pour base l'un la base supérieure du trapèze et l'autre la base inférieure et dont les hauteurs D F et A E sont précisément égales à celle du trapèze , donc la superficie de celui-ci s'obtiendra en multipliant , etc.

162. — *Autre règle.* On peut encore trouver la surface d'un trapèze en multipliant la ligne qui joint le milieu des côtés non parallèles par la hauteur.

163. — *Remarque.* Il arrive souvent que le trapèze à mesurer est un *trapèze rectangle* , c'est-à-dire que l'un

des côtés non parallèles est perpendiculaire aux deux autres ; dans ce cas, ce côté perpendiculaire sert de hauteur. Nous en verrons des exemples.

164. — PROBLÈME 13ᵐᵉ. (A. R.) *Calculer la superficie d'un trapèze qui a 15 m. de hauteur et les côtés parallèles, l'un 42 m. et l'autre 92 m.*

165. — PROBLÈME 14ᵐᵉ. (A. R.) *La superficie d'un trapèze est 22 ares 40 cent. ; on propose d'en calculer la hauteur, sachant que les deux bases parallèles ont, l'une 48 m. et l'autre 92 m.*

166. — PROBLÈME 15ᵐᵉ. (A. R.) *La ligne qui joint le milieu des côtés non parallèles d'un trapèze a 70 m. et la hauteur 42. Quelle est la superficie du trapèze ?*

167. — PROBLÈME 16ᵐᵉ. (A. R.) *Le trapèze rectangle A B C D (fig. 35) a les dimensions indiquées dans la figure. Quelle en est la superficie ?*

Les règles que nous venons de donner suffisent pour résoudre toutes les questions ordinaires d'arpentage ; puisque l'on peut aisément décomposer tout polygone en triangles et en trapèzes ; mais comme on peut rencontrer des difficultés dans leur application, nous allons examiner ces difficultés qui seront tout-à-la fois le développement et le complément de ce qui précède.

CHAPITRE TROISIÈME.

Suite de la mesure des Surfaces.

Ce n'est que dans des cas très-rares que l'on a à mesurer une pièce de terre régulière, comme un carré, un rectangle, un trapèze, etc., il est donc nécessaire d'indiquer la marche à suivre pour arpenter un polygone quelconque.

168. — **Problème 1er**. *Mesurer le quadrilatère irrégulier* ABCD (fig. 75).

Menez une diagonale CB, autant que possible dans le sens de la plus grande longueur du polygone. Le quadrilatère sera ainsi décomposé en deux triangles ACB et CDB que nous savons mesurer (N° 155) et dont les surfaces composent évidemment la surface du quadrilatère. Cette surface sera donc :

Triangle ABC $= CB \times \frac{1}{2} AE$ ou $45 + 14 + 62 \times 20 = 24$ ares 20 cent.

Triangle CDB $= CB \times \frac{1}{2} DF$ ou $45 + 14 + 62 \times 17 = 20$ ares 57 cent.

En faisant la somme des surfaces partielles, nous avons 44 ares 77 cent.

Au lieu de faire deux multiplications on aurait pu multiplier la base commune BC ou 121 m. par la $\frac{1}{2}$ somme des hauteurs EA et FD ou 37 m.

169. — *Remarque sur la manière de chaîner la diagonale* CB.

Après avoir élevé les perpendiculaires FD et EA, on mesure BF, FD, FE, EA et EC. On comprend, en effet, que si l'on mesurait d'abord la diagonale BC tout entière, on se verrait obligé de revenir sur ses pas pour mesurer les perpendiculaires FD et EA, ce qui entraînerait une assez grande perte de temps. Cette manière de mesurer une diagonale a un autre avantage que nous apprécierons surtout quand nous nous proposerons de rapporter sur le papier une pièce de terre mesurée sur le terrain. Cette remarque est applicable aux problèmes suivans.

170. — Problème 2me. *Mesurer un polygone quelconque* ABCDEF (fig. 76).

Décomposons-le , comme dans le problème précédent , en triangles par les diagonales FB , FC , FD , qui partent d'un même point , et mesurons séparément chacun des triangles , la somme de leurs surfaces composera évidemment celle du polygone. Nous serons conduits aux calculs suivans :

Surf. du tr. AFB $=$ FB $\times$ $\frac{1}{2}$ AG ou 50 $\times$ 5 $=$ 2 a. 50 c.

Id.   FBC $=$ FC $\times$ $\frac{1}{2}$ HB ou 65 $\times$ 15 $=$ 9 a. 75 c.

Id.   FCD $=$ FD $\times$ $\frac{1}{2}$ CK ou 70 $\times$ 18 $=$ 12 a. 60 c.

Id.   FDE $=$ FD $\times$ $\frac{1}{2}$ LE ou 70 $\times$ 13 $=$ 9 a. 10 c.

Donc la surface du polygone est :   33 a. 95 c.

171. — Problème 3me. *Autre moyen de mesurer le même polygone , ou un polygone à peu près semblable* ABCDEF (fig. 77).

Tirez, autant que possible dans le sens de la plus grande longueur , la diagonale ou directrice FC , (1) élevez ou abaissez des autres sommets A , B , D , E les perpendiculaires GE , AH , BJ , KD , le polygone sera décomposé en triangles et en trapèzes rectangles que nous savons me-

---

(1) Quelque courte que soit cette diagonale, il sera bon de l'indiquer par plus de deux jalons, cela facilite singulièrement la levée des perpendiculaires.

surer (Nᵒˢ 160 et 163). L'application de cette règle nous conduit aux calculs suivans :

Tri. FHA $=$ FH $\times \frac{1}{2}$ AH ou 30 $\times$ 15 $=$ 4 a. 50 c.

T. AHJB $= \dfrac{(AH+BJ)}{2} \times$ HJ ou $\dfrac{(30+22)}{2} \times 45 =$ 11 a. 70 c.

Tri. BJC $=$ JC $\times \frac{1}{2}$ BJ ou 32 $\times$ 11 $=$ 3 a. 52 c.

Id. CKD $=$ CK $\times \frac{1}{2}$ KD ou 24 $\times$ 13 $=$ 3 a. 12 c.

KDEG $= \dfrac{(KD \times GE)}{2} \times$ GK ou $\dfrac{(26 \times 38)}{2} \times 73 =$ 23 a. 36 c.

Tri. FGE $=$ FG $\times \frac{1}{2}$ GE ou 10 $\times$ 19 $=$ 1 a. 90 c.

Surface totale $=$ 48 a. 10 c.

Cette manière d'opérer est la plus généralement suivie ; quelquefois cependant elle oblige de sortir du terrain à mesurer et à *emprunter*. Nous nous occuperons plus loin de cette manière d'opérer.

172. Problème 4ᵐᵉ. *Proposons–nous de mesurer le pentagone irrégulier* ABCDE (fig. 78).

Ce pentagone nous présente un côté A E sur lequel pourront tomber toutes les perpendiculaires qui doivent aboutir aux sommets B, C, D. Elevons ces perpendiculaires DF, CG, HB, et supposons les dimensions indiquées dans la figure. Nous sommes conduits aux calculs suivans :

Surf. du tri. DFE $= 90^m9 \times 11^m95 =$ 10 » 87

» « trap. FDCG $= \dfrac{(48^m + 90^m9)}{2} \times 31^m5 =$ 21 » 87

» » » CGHB $= \dfrac{(46^m3 + 48^m)}{2} \times 60^m4 =$ 28 » 48

» » tri. BHA $= 46^m3 + 20 =$ 9 ar. 26 c.

Surface totale égale   70 ar. 48 c.

Dans ces calculs on a négligé les décimètres carrés, si l'on tenait à avoir une rigoureuse exactitude il ne faudrait rien négliger.

172 *bis*. — Quelquefois pour abréger les opérations on enferme le terrain à mesurer dans un rectangle, on mesure ce rectangle, et de sa superficie on retranche celles des triangles et des trapèzes comptées en trop. Cette manière d'opérer n'est avantageuse que quand le terrain a une certaine étendue, ou bien encore lorsqu'on ne peut pas pénétrer dans le terrain à mesurer.

En voici du reste un exemple :

173. — PROBLÈME 5me. *Mesurer le polygone irrégulier* ABCDEFGHK. (fig. 80).

Après avoir encadré ce polygone dans un rectangle, VXYZ, et élever, à partir des côtés de ce rectangle, des perpendiculaires qui aboutissent aux sommets du polygone, nous sommes conduits aux calculs suivans :

La surface du rectangle = . .   83^m × 54^m ou 44 a. 82 c.
de laquelle nous retranchons la superficie des
triangles et trapèzes,   ou

Trapèze n°. 1	0 a. 93 c.	
Triangle » 2 · . . .	2 » 37	
» » 3	1 » 44	
Trapèze » 4	6 » 02	
» » 5	3 » 01	en tout 18 a. 25 c.
Triangle » 6	0 » 77	
» » 7	2 » 45	
» » 8	1 » 26	

Il reste donc, pour la superficie du polygone : 26 a. 57 c.

174. — Nous disions (n°. 171) que les circonstances conduisaient quelquefois à sortir du terrain à mesurer pour élever une perpendiculaire. Un seul exemple suffira pour faire comprendre cette manière d'opérer.

PROBLÈME 5ᵐᵉ. — *Arpenter, par ce moyen, le polygone ABCD*, (fig. 79).

Nous pourrions décomposer ce quadrilatère en deux triangles (n°. 168) ; mais nous supposerons à dessein qu'on veuille élever les perpendiculaires sur CD. Après avoir élevé les deux perpendiculaires EB, FA dont la dernière tombe sur le prolongement de la base DC, nous mesurons le triangle BED et le trapèze BEFA ; mais il est évident que la somme de ces deux surfaces comprend, non-seulement la superficie du quadrilatère, mais encore celle du triangle AEC : donc pour avoir la véritable superficie, il faudra retrancher la surface de ce triangle.

Supposons, pour fixer les idées, que nous ayons les dimensions indiquées dans la figure. Nous aurons :

Surf. du tri. BED $= 25 \times 17 = $ 4a. 25 $\Big\}$ en tout 18a. 77c.
  » trap. BEFA $= 33 \times 44 = $ 14a. 52

Retranchons la superficie du triangle AFC, compté en trop dans le trapèze BEFA, ou
$32 \times 9 = $ 2a. 88c.

Il nous restera, pour la surface du polygone donné,   15a. 89c.

CHAPITRE QUATRIÈME.

Suite de la mesure des Surfaces.

175. — Il arrive souvent que l'on ne peut parcourir les polygones que l'on veut mesurer, ce qui a lieu lorsqu'ils sont couverts de récoltes, lorsqu'ils sont occupés par un bois, de l'eau, etc.

Voici, dans ce cas, les moyens les plus généralement employés pour résoudre ces sortes de questions.

176. — Problème 1er. Proposons-nous d'abord la solution du problème suivant:

Mesurer, en se servant des instrumens ordinaires, une ligne qu'on ne peut parcourir.

Il peut se présenter trois cas : ou les deux extrémités sont accessibles, ou une seulement est accessible, ou aucune ne l'est.

1er *Cas*. — Soit AB à mesurer (fig. 81). Plantez un jalon en un point quelconque C, mesurez CB, CA; prenez ensuite le $\frac{1}{3}$,, le $\frac{1}{4}$ ou le $\frac{1}{5}$ de ces longueurs et reportez ensuite les distances obtenues CM, CN sur leurs lignes respectives. Tirez MN ; la proportion suivante vous donnera la longueur de AB :

$$CM : CA : : MN : AB.$$

Si donc CB a 140 m. et CA, 170 et que nous en prenions le $\frac{1}{5}$ par exemple, nous ferons CN de 28 m., CM de 34, puis mesurant MN qui a , je suppose , 42 m., nous aurons :

$$34 : 170 :: 42 : AB \qquad \text{ou } 28 : 140 :: 42 : AB.$$

$$\text{D'où } AB = \frac{170 \times 42}{34} = 210 \text{ m. ou } AB = \frac{140 \times 42}{28} = \text{encore } 210 \text{ m.}$$

Autre manière. A l'une des extrémités de AB , (fig. 82) menez une ligne indéfinie AC ; de l'autre extrémité B , abaissez la perpendiculaire BO : la racine carrée de la somme des carrés de AO et BO sera la longueur de AB. De sorte que si , mesurant ces lignes , nous trouvons AO de 40 m. et OB de 30 m. nous aurons $AB = \sqrt{1600 + 900} = 50$ m.

2ᵐᵉ Cas. — A l'extrémité accessible B (fig. 83) , vous élèverez la perpendiculaire B C , que vous ferez d'une moyenne grandeur. Au point C élevez également une perpendiculaire CD , faites ensuite planter un jalon au point O , intersection commune des lignes BC et DA , mesurez ensuite BO , OC et CD , la proportion CO : OB :: CD : X ou AB vous donnera la longueur de AB. Si donc BO a 36 m. OC , 40 m. et CD , 120 m. nous aurons 40 : 36 :: 120 : X ou AB.

$$\text{d'où } AB = \frac{36 \times 120}{40} = \frac{4220}{40} = 108 \text{ m.}$$

3ᵐᵉ Cas. — Plantez un jalon en un point quelconque C (fig. 84) ; sur les alignemens CA et CB , plantez d'autres jalons D et E , puis un quatrième à l'intersection F de DB et EA. Mesurez les cinq distances CD = 42 m., CE = 52 , CF = 72 , DE = 33 et EF = 27 , puis construisez sur le papier , en prenant le millimètre pour mètre, les triangles cdf et cef semblables (*) à CDF et CEF, puis prolongez cd, ce, df, ef jusqu'à leur rencontre en a et b. Le nombre de millimètres contenus dans ab exprimera en mètres la longueur de AB.

177. — **Problème 2ᵐᵉ**. *Mesurer un triangle* ABC (fig. 85), *traversé par un courant d'eau.*

Elevez la perpendiculaire DA, cherchez-en la longueur par le procédé du n°. 176, 2ᵉ. cas : la solution ne présente plus alors aucune difficulté.

178. — **Problème 3ᵐᵉ**. *Mesurer un triangle dont la surface est occupée par un bois, de l'eau, etc.,* (fig. 86).

Soit le triangle ABC. On pourrait en trouver la superficie par le procédé du n°. précédent ; mais le suivant est plus expéditif. Elevez la perpendiculaire BO, et sur cette ligne élevez une seconde perpendiculaire qui passe par le sommet C, BO sera égal en longueur à la hauteur du triangle. La surface de celui-ci sera donc exprimée par $AB \times \frac{1}{2} BO$.

179. — On aurait pu résoudre le même problème de la manière suivante : (fig. 87). Prolongez BC, jusqu'en D de manière que CD soit égal à BC, prolongez de la même manière AC jusqu'en E : le triangle CDE sera égal au triangle ABC, de sorte que la superficie de ABC sera la même que celle de CDE.

180. — **Problème 4ᵐᵉ**. *Mesurer un triangle dont on connaît la longueur des trois côtés.* (ABC fig. 87).

(*) **Deux ou plusieurs polygones sont dits** *semblables* **quand ils ont leurs angles égaux et leurs côtés homologues proportionnels. C'est sur ce principe que reposent les problèmes 2ᵉ. et 3ᵉ. cas.**

Soit le triangle ABC dans lequel on ne peut mesurer que les trois côtés AB, AC, CB; supposons AB=41 m., AC=35 m., CB=30 m., additionnons ces trois longueurs, ce qui nous donne $41^m.. + 35^m. + 30 = 106^m.$ dont la moitié est $53^m.$ De $53^m.$ retranchons successivement la longueur des trois côtés, nous aurons pour restes $12^m.$, $18^m.$, $23^m.$ Multiplions entre eux ces trois restes; nous aurons: $12^m. \times 18^m. \times 23^m. = 4968^m.$ que nous multiplierons encore par la demi-somme des trois côtés. ou $53^m.$, ce qui donnera $263304^m.$ dont il faudra extraire la racine carrée, cette racine, 512^m q., est la superficie du triangle. Ces calculs nous conduisent à la règle générale suivante, applicable dans tous les cas : *Faites la somme des trois côtés du triangle, prenez-en la moitié de laquelle vous retrancherez successivement la longueur de chaque côté. Multipliez entre eux les trois restes, et leur produit par la moitié de la somme ; extrayez la racine carrée de ce nouveau produit, vous aurez la superficie cherchée.*

181. — PROBLÈME 5me. *Mesurer le quadrilatère* ABCD *qu'on ne peut parcourir.* (fig. 88).

Imaginez la diagonale AC, vous aurez les deux triangles ABC et ADC dont vous trouverez aisément la superficie par le procédé du n°. 179.

182. — Au surplus, quand on aura un polygone quelconque à arpenter et dans lequel on ne pourra pénétrer, on pourra recourir au procédé du n°. 173, c'est-à-dire qu'on pourra enfermer ce polygone dans un carré ou dans un rectangle, et retrancher de la surface de ces figures

régulières les triangles et trapèzes qui ont été l'objet de l'emprunt.

182 bis. — PROBLÈME 6ᵐᵉ. *Mesurer une surface terminée par une ligne courbe irrégulière.*

Soit la surface ABCD (fig. 89). Elevez sur la directrice DB un assez grand nombre de perpendiculaires pour que la partie de la ligne courbe comprise entre deux perpendiculaires consécutives, puisse être considérée comme une ligne droite. Alors le problème ne présentera plus de difficultés ; car il s'agira seulement de mesurer des triangles et des trapèzes.

CHAPITRE CINQUIÈME.

De la mesure du Cercle et des Ellipses.

183. — PROBLÈME 1ᵉʳ. *Chercher la longueur d'une circonférence dont on connaît le rayon.*

On a calculé que le diamètre était contenu 3 fois 1416 dans la circonférence, donc en multipliant le diamètre d'un cercle par 3,1416, on aura la longueur de la circonférence. Ainsi une circonférence qui a 6 m. 75 de diamètre aura 6 m. 75×3,1416=21m.2058 de long. (*)

(*) Ce rapport : 3,1416 du diamèrte à la circonférence, à dû Métius, est le plus communément employé. On a calculé également que ce même rapport peut être exprimé par 7 : 22, c.-à-d. qu'une circonférence de 7 m. de rayon aurait 22 m. de longueur. Dans ce cas la proportion suivante résout le problème : 7 : 22 : : Diamètre : x. Ce dernier rapport est dû à Archimède.

184. — PROBLÈME 2ᵐᵉ. *Calculer la surface du cercle.*

La surface d'un cercle s'obtient en multipliant sa circonférence par la moitié du rayon. Ainsi un cercle de 4 m. 50 de diamètre aurait sa surface exprimée par 3,1416 × 4 m. 50 × 1,125 = 15 m. q. 904350 m. q. Ces calculs se comprennent aisément : le produit 3,1416 × 4,50 représente la circonférence, et le dernier facteur 1 m. 125 est le 1/4 du diamètre 4 m. 50 ou la 1/2 du rayon du même cercle.

185. — PROBLÈME 3ᵐᵉ. (A.R.) *Calculer la longueur d'une circonférence qui a 3 m. 65 de diamètre. — Chercher la surface du même cercle.*

186. — Dans la pratique on a souvent besoin de calculer la longueur d'une circonférence, de même que la surface d'un cercle : comme on ne pratique l'un qu'avec la connaissance de l'autre, on a cherché des formules abrégées, et surtout faciles à retenir, qui rappellent les calculs à faire. On a représenté par la lettre grecque π (pi) le rapport constant 3,1416 ou tout autre, et par R, la longueur du rayon. Voici ces deux formules et leur explication :

Circonférence $= 2\pi R$ — prononcez : *deux pi—erre*
surface du cercle $= \pi R^2$ — prononcez : pi—erre deux.

Ces formules, faciles à retenir, signifient : *qu'on obtient la longueur d'une circonférence en multipliant 2 fois le rapport par le rayon ; et la surface du cercle, en multipliant ce rapport par le rayon élevé au carré.*

187. — PROBLÈME 4ᵐᵉ. (A. R.) *Calculer, par ces for-*

mules, *la longueur d'une circonférence et la surface d'un cercle qui a 15 m. 75 de diamètre.*

188. — PROBLÈME 5me. (A.R.) *Quel est le rayon d'un cercle qui a 64 m. q. 25 de superficie ?*

189. — PROBLÈME 6me. *Calculer la surface d'un secteur.* OCEA. (fig. 8).

On trouve la surface d'un secteur en multipliant son arc par la 1/2 du rayon.

190. — PROBLÈME 7me. *Calculer la superficie d'un segment.*

La superficie d'un segment est égale à la superficie du secteur que l'on obtiendrait si l'on menait deux rayons aux extrémités de la corde, moins la superficie du triangle que forment entre eux les deux rayons et la corde.

191. — PROBLÈME 8me. *Mesurer la surface d'une ellipse.*

La superficie d'une ellipse s'obtient en multipliant 3,1416 *par le produit des moitiés des deux axes.* Ainsi la superficie d'une ellipse dont le grand axe serait 40 m. , et le petit de 24 , serait exprimée par $3,1416 \times 20 \times 12 = 753$ m. q. 9840 q. cent. q.

Problèmes Arithmético-Géométriques.

192. — 1er PROBLÈME. *Combien faut-il de planches de 2 m. 75 cent. de long sur 0 m. 08 cent. de large pour parqueter un appartement qui a 5 m. 25 cent. de long et 4 m. 75 cent. de large ?*

Solution : Le nombre des planches est évidemment égal au quotient de la surface de l'appartement divisée par la surface d'une planche. Nous aurons donc : surface de l'appartement $= 5$ m. 25×4 m. $75 = 24$ m. q. 9375 c. q. qui , divisée par 2 m. 75×0 m. 08 c. , $= 113$ pl. $\frac{31}{88}$

193. — Problème 2me. *Combien faudrait-il de carreaux carrés pour carreler une chambre qui a 5 m. 25 de longueur sur 3 m. 90 de largeur, sachant qu'un carreau a 0 m. 09 cent. de côté ?*

Solution : Cherchons la superficie de l'appartement et celle d'un carreau, nous aurons : 5 m. 25×3 m. $90 = 20$ m.q 4750 c.q. pour la superficie de la chambre, et 0 m. 09×0 m.q.0081 c.q. pour celle du carreau. Le quotient de la 1re superficie divisée par la seconde , ou 30 m. 9. $4720 : 0$ m. q. $0081 = 2527$ carreaux $\frac{63}{81}$ sera le nombre de carreaux cherché.

194. — Problème 3me. *Un toit à la forme d'un trapèze : il a 4 m. 25 de hauteur et les deux côtés parallèles ont , l'un 15 m. 25 de long et l'autre 12 m. 45. Combien faudrait-il d'ardoises pour couvrir ce toit, sachant que la partie visible de l'ardoise a 0 m. 12 de long sur 0 m. 05 de haut ?*

Le raisonnement que nous avons fait pour les problèmes précédens peut s'appliquer à celui-ci : le nombre des ardoises sera donc , $\dfrac{(15\text{m}.25 + 12\text{m}.45)}{2} \times 4\text{m}.25 : (0\text{m},12 \times 0\text{m}.05 = 9810 \frac{1}{12}$ ardoises.

195. — Problème 4me. *Que doit-on payer à un peintre à raison de 2 fr. 75 c. le mètre carré, pour un appartement carré qui a 5 m. 25 de côté, et la partie peinte a 2 m. 25 de haut ?*

Solution. La superficie de la partie peinte est évidemment égale à 5 m. 25×2 m. $25 \times 4 = 47$ m. 9. 25. Si un mètre carré coûte 2 fr. 75 47 m. q. 25 d. q. coûteront 47 fois 25 2 fr. 75, ou 2 fr. 75×47, 25=129 fr. 9375.

Ces quelques problèmes suffiront pour indiquer la marche à suivre dans la solution de tous les autres relatifs à la mesure des surfaces.

CHAPITRE SIXIÈME.

De la Levée des Plans.

196. — *La levée des plans a pour but de rapporter sur le papier un polygone mesuré sur le terrain, de manière que les deux figures soient parfaitement semblables. (V. n°. 173. a).*

Il y a plusieurs moyens de parvenir à ce but : nous ne parlerons que de ceux qu'on pratique à l'aide de l'équerre (*)

197. — 1er Problème. *Rapporter, sur le papier, le terrain ABCD (fig. 90) mesuré avec l'équerre.*

Tirez sur le papier qui doit recevoir le plan, une ligne indéfinie c b, prenez avec votre compas, sur votre double décimètre, une longueur de 45 millimètres (**) que vous

---

(*) Certaines personnes se contentent, pour arpenter un terrain, d'en lever le plan et de mesurer sur le papier la figure rapportée : ce procédé, quelque précaution qu'on prenne, ne saurait être exact et ne doit être employé que dans les cas où une erreur ne saurait avoir de graves conséquences.

(**) On suppose qu'on prenne le millimètre pour mètre.

reporterez sur $c\,b$, de c en e, vous aurez ainsi la ligne qui doit représenter CE. Au point e, élevez la perpendiculaire (33 ou 40) $e\,a$ que vous ferez de 40 millimètres. Continuez de la même manière, et faites successivement $e\,f$ de 14 m. $f\,d$ de 34 ; menez $c\,a$, $a\,b$, $b\,d$, $d\,c$ vous aurez une figure semblable à ABDC.

198. — Quelquefois, dans la pratique, on exprime en *décamètres* la longueur des lignes mesurées ; onpeut, dans ce cas, prendre le *centimètre pour mètre :* on comprend, en effet, que la figure serait trop petite si on avait pris le millimètre. Au reste, c'est à celui qui relève le plan de décider quelle marche il devra suivre : la grandeur du plan, l'espace qu'il doit occuper, pourront seuls le déterminer à employer le centimètre ou le millimètre.

199. Comme nous l'observions au n°. 196 (a), il arrive souvent que l'on se contente de lever le plan du terrain, de le rapporter sur le papier et de le mesurer en prenant pour terme de comparaison le centimètre ou le millimètre suivant qu'on a employé primitivement l'un ou l'autre pour tracer le plan. La levée au graphomètre peut être très-utile dans ce cas, parce qu'elle est très-expéditive et qu'elle offre le moyen de lever le plan avec beaucoup d'exactitude.

CHAPITRE SEPTIÈME.

Division des Surfaces. (*)

200. — PROBLÈME 1ᵉʳ. *Diviser un carré en un certain nombre de parties égales.*

Proposons-nous de diviser le carré ABCD (fig. 92) en un certain nombre de parties égales, en six, par exemple. Divisons l'un des côtés AB en six parties égales, et partageons de même le côté opposé, joignons les points de division par des lignes droites et le carré sera décomposé en six parties égales.

201. — La même opération peut servir à diviser un rectangle, un parallélogramme, un losange et un trapèze. Dans le cas du trapèze il faut avoir soin de diviser les côtés parallèles.

202. — PROBLÈME 2ᵐᵉ. (A. R.) *Diviser un carré en quatre triangles rectangles égaux, —— en quatre carrés égaux.*

203. — PROBLÈME 3ᵐᵉ. (A.R.) *Partager un rectangle en quatre rectangles égaux, —— en quatre triangles isocèles égaux.*

204. — PROBLÈME 4ᵐᵉ. (A.R.) *Partager un parallélogramme en cinq parallélogrammes égaux, —— en deux triangles égaux.*

(*) Nous n'examinerons, dans ce chapitre de la division des surfaces, que les procédés les plus simples et les plus en usage.

205. — Problème 5ᵐᵉ. (A.R.) *Partager un losange en quatre triangles rectangles égaux, —— en quatre losanges égaux.*

206. — Problème 6ᵐᵉ. (A.R.) *Partager un trapèze en cinq trapèzes équivalents.* .

207. — Problème 7ᵐᵉ. *Diviser un triangle en un certain nombre de triangles équivalents.* (fig. 93).

Divisez l'un des côtes, BC par exemple, en autant de parties égales que vous voulez de triangles équivalents, joignez le sommet opposé avec les points de division et les triangles résultants résoudront la question ; car ils auront tous même base et même hauteur.

208. — Problème 8ᵐᵉ. *Proposons-nous de partager en trois parties équivalentes le polygone ABCD.* (fig. 94).

Arpentons d'abord ce polygone, et supposons qu'il ait une surface de 1572 ares dont le ⅓ sera 524 ares. Chaque partie sera donc éga'e en superficie à 524 ares. Prenez sur l'un des côtés CD un point quelconque E, mesurez le le triangle AED que nous supposerons de 284 ares 92 c. ; Il manque donc à ce triangle pour être le ⅓ cherché, 239 ares 08 cent. Du point E abaissez la perpendiculaire EF que nous supposerons de 34 m. Si le triangle AEF avait 239 ares 08 c. il suffirait de l'ajouter à AED pour avoir le ⅓ cherché ; mais supposons qu'il n'en soit pas ainsi, 34 m., hauteur de la perpendiculaire EF, est le facteur d'un produit connu 239 ar., 8 c. ; divisons ce produit par 34 m., nous aurons 7 m. 04 c. qui sera la base du triangle qui viendra former avec AED le ⅓ du polygone. Prenez donc AG de 7 m. 04 c., et le quadrilatère GEDA sera le

$\frac{1}{4}$ du polygone. Continuez d'opérer de la même manière et vous parviendrez aisément à la solution du problème.

On comprend que si l'on voulait diviser le polygone en 6 , 8 , etc., parties égales , la marche serait absolument la même.

TROISIÈME PARTIE.

DES CORPS ou *SOLIDES.*

CHAPITRE PREMIER.

Définitions.

209. — Nous avons vu (n°. 1) ce qu'on appelle *corps*
ou *solide*. On donne le nom de *polièdre aux corps terminés
par des surfaces planes*, (*) et on appelle communément corps
ronds ceux qui sont terminés par des surfaces courbes.

210. — Les polièdres prennent des noms différens qui
dépendent du nombre de leurs faces. Ainsi on appelle :

> *Tétraèdre,* le polièdre qui a 4 faces.
> *Pentaèdre,* . . . . . 5 f.
> *Héxaèdre,* . . . . . 6 f.
> . . . .
> *Octaèdre,* . . . . . 8 f.
> *Dodécaèdre* . . . . . 12 f.
> *Icosaèdre* . . . . . 20 f.
> *etc.* . . . .

(*) On reconnaît qu'une surface est plane lorsqu'elle est telle que,
prenant deux points à volonté sur cette surface, on peut les joindre
par une ligne droite.

211. — Parmi les polièdres on distingue le *prisme* et la *pyramide*.

On appelle prisme un corps dont les faces latérales sont des rectangles ou des parallélogrammes, et qui est terminé par deux polygones égaux et parallèles qu'on nomme bases. ABCDEF (fig. 95) est un prisme.

212. — Pour dessiner un prisme, on trace d'abord la base ABCDE, puis par tous les sommets on mène des lignes égales et parallèles, on joint leurs extrémités pour former la base supérieure, et on a le prisme demandé.

313. — *La hauteur d'un prisme est la perpendiculaire abaissée d'un point de la base supérieure sur la base inférieure.*

214. — On dit qu'un prisme est *triangulaire, quadrangulaire, octogonal,* etc., suivant qu'il a pour base un *triangle,* un *quadrilatère,* un *octogone,* etc. ABCDEF est un prisme pentagonal.

215. — Un prisme est *droit* quand toutes ses faces sont des rectangles, il est *oblique* dans le cas contraire.

216. — Le prisme s'appelle *parallélipipède* quand ses bases sont des rectangles ou des parallélogrammes, et *cube* quand il a six faces carrées égales ABCDE. (fig. 96) est un parallélipipède, et ABCDE (fig. 97 ou 105) est un cube.

217. — Le parallélipipède et le cube se construisent de la même manière que le prisme, seulement il faut observer que leurs bases ne sont pas des polygones quelconques; mais un rectangle ou un parallélogramme pour un parallélipipède, et un carré pour un cube.

218. — *La pyramide est un polièdre qui a pour base un*

polygone et pour faces latérales des triangles qui ont leurs sommets en un même point qu'on appelle sommet de la pyramide. SABCDE (fig. 98) est une pyramide dont S est le sommet.

219. — Pour tracer une pyramide, on dessine d'abord la base, on joint chaque sommet de cette base avec le point qui doit indiquer le sommet de la pyramide, et on a la pyramide demandée.

220. — La pyramide est *triangulaire*, *quadrangulaire*, *hexagonale*, etc., selon qu'elle a pour base un *triangle*, un *quadrilatère*, un *hexagone*, etc. SABCDE (fig. 98) est une pyramide pentagonale.

221. — La pyramide est dite *tronquée* lorsque la pointe a été enlevée par un plan parallèle à la base ABCD (fig. 99).

CHAPITRE DEUXIÈME.

Des Corps ronds.

222. — Les solides appelés communément corps ronds sont : *le cylindre*, *le cône* et *la sphère*.

223. — *Le cylindre est un corps rond et long, terminé par deux cercles égaux et parallèles qu'on appelle les bases du cylindre* ABCD (fig. 100).

224. — On définit encore le cylindre *un corps produit par la révolution d'un rectangle tournant autour de l'un de ses côtés*.

225. — *La hauteur d'un cylindre est la perpendiculaire abaissée du centre du cercle supérieur sur la base inférieure ou son prolongement.* Si cette perpendiculaire tombe au centre de la base, on dit que le cylindre est *droit*, dans le cas contraire il est *oblique*. ABCD (fig. 100) est un cylindre droit, et ABCD (fig. 101) est oblique.

226. — Pour dessiner un cylindre ABCD (fig. 100), on trace d'abord les cercles qui doivent lui servir de bases, on joint les extrémités des diamètres parallèles AB et CD on obtient le cylindre demandé.

Du Cône.

227. — *Le cône est un corps qui a un cercle pour base et qui se termine en pointe.* Un pain de sucre, un éteignoir nous donnent une idée de la forme d'un cône. ABC (fig. 102).

228. — *On dit encore qu'un cône est un corps formé par la révolution d'un triangle rectangle tournant autour d'un des côtés qui forment l'angle droit.*

229. — Un cône est dit *tronqué* quand on a enlevé la partie supérieure par un plan parallèle à la base. ABCD (fig. 103) est un cône tronqué.

230. — *On appelle hauteur d'un cône la perpendiculaire abaissée de sa pointe ou sommet sur la base ou son prolongement.* Si la perpendiculaire tombe au centre de la base, le cône est *droit*; dans le cas contraire, il est *oblique*.

231. — Pour tracer un cône ABC (fig. 102), on dessine d'abord le cercle qui doit lui servir de base, on joint les extrémités du diamètre AB avec le point C qui doit servir de sommet au cône , et on a le solide que l'on se propose de tracer.

De la Sphère.

232. — *La sphère est un solide terminé par une surface parfaitement ronde dont tous les points sont à égale distance d'un point intérieur qu'on nomme le centre de la sphère.* (fig. 104).

233. — *On dit encore qu'une sphère est un corps engendré par la révolution d'un demi-cercle tournant autour de son diamètre.*

234. — La droite qui va du centre de la sphère à l'un des points de sa surface , se nomme *rayon de la sphère ;* et on appelle *diamètre* de la sphère la ligne droite qui joint deux points de sa surface en passant par le centre. OA (fig. 104) est un rayon , AB est un diamètre.

235. — Les extrémités C et D d'un diamètre s'appellent *pôles ,* et le diamètre lui-même prend alors le nom *d'axe de la sphère.*

236. — La surface de la sphère est traversée par des lignes auxquelles on donne le nom *de méridiens* et *de parallèles.*

237. — *Les méridiens , ou grands cercles , font le tour de la sphère en passant par les deux pôles* C g D *est un méridien.* Comme il y a une foule de points dans le tour de la sphère , il s'en suit qu'il y a une infinité de méridiens.

238. — *Les parallèles ou petits cercles font le tour de la sphère perpendiculairement aux méridiens ,* N b K *est un parallèle.*

239. — Parmi les parallèles on distingue *l'équateur* ou *ligne équinoxiale* qui fait le tour de la terre à égale distance des deux pôles. AB.

240. — PROBLÈME. *Tracer les méridiens et les parallèles d'une sphère.* (fig. 104).

Après avoir tracé les deux diamètres perpendiculaires AB et CD, divisez la circonférence en tous ses degrés (pour abréger et pour éviter la confusion qui résulterait d'un trop grand nombre de lignes, nous la diviserons en 16 parties égales). De l'une des extrémités A de l'équateur, menez AE, AF, AG, AH, AK, AL qui détermineront sur CD les points a, b, c, d, e, f ; puis du point D menez DH, DK, DL, DM, DN, DO qui déterminent sur l'équateur les points g, h, k, l, m, n. Il ne s'agira plus que de tracer les arcs de cercle CkD, ChD, CgD, ClD, CmD, CnD, MaL, NbK RfE, QeF, etc., ce qui ne présente aucune difficulté. Ces arcs de cercle seront les méridiens et les parallèles.

CHAPITRE TROISIÈME.

De la Mesure des Corps.

241. — Mesurer le volume d'un corps, c'est le comparer à un autre volume pris pour unité. On choisit ordinairement pour unité de volume un cube qui a une arête d'un mètre de long, qu'on appelle *mètre cube*.

242. — PROBLÈME 1er. *Trouver la solidité d'un cube.*

Le volume d'un cube s'obtient en multipliant deux fois par elle-même la longueur de son arète.

Ainsi un mètre cube dont le côté serait de 4 m. aurait 4 m $\times$ 4 $\times$ 4 m $=$ 64 m. cubes. En effet, si la base du cube ABCDE (fig. 105) avait 4 mètres de côté, cette base aurait 16 mètres carrés de superficie. Si sur chacun de ces mètres carrés nous imaginons un parallélipipède tel que celui qu'on voit dans la figure, ce parallélipipède contiendra 4 mètres cubes, car il a un mètre carré de base et 4 mètres de hauteur. Or, comme la base contient 16 mètres carrés, il y aura 16 parallélipipèdes de chacun 4 m. c. ou, en tout, 64 m. c.

243. — PROBLÈME 2me. *Trouver la solidité d'un parallélipipède.*

La solidité d'un parallélipipède s'obtient en multipliant la surface de sa base par sa hauteur.

La surface de la base d'un parallélipipède a 8 m. q. et sa hauteur 3 m. 15. Quelle en est la solidité ?

En appliquant la règle qui précède, nous avons : 8 m. q. $\times$ 3 m. 25 $=$ 26 m. c.

Le raisonnement que nous avons fait précédemment pourrait s'appliquer au parallélipipède et au prisme.

244. — PROBLÈME 3me. *Calculer la solidité d'un prisme quelconque.*

On trouve la solidité d'un prisme quelconque en multipliant la surface de sa base par sa hauteur.

Ainsi un prisme dont la base aurait 22 m. q. de superficie et la hauteur 3 m. 50 aurait son volume exprimé par 22 m. q. $\times$ 3m.50 $=$ 77 m. c.

245. — PROBLÈME 4me. *Calculer la solidité d'une pyramide.*

La solidité de la pyramide est égale au produit de la surface de sa base par le $\frac{1}{3}$ de sa hauteur.

Ainsi une pyramide triangulaire dont les dimensions de la base seraient 8 m. et 6^m, et qui aurait 3^m, 51 de hauteur, aurait sa solidité exprimée par $8^m \times 3 \times 1^m 17 =$ 28^m. cube, 08^d.

246. — PROBLÈME 5me. (A. R.) *Calculer la solidité d'une pyramide qui a pour base un carré de* 5^m. *50 de côté et pour hauteur,* 3^m. *56 c.*

247. — PROBLÈME 6me. *Calculer la solidité d'une pyramide tronquée.*

248. — *On obtient la solidité d'une pyramide tronquée en multipliant la surface de ses bases et d'une moyenne proportionnelle entre ces bases* (*) *par le tiers de la hauteur du tronc.*

Ainsi une pyramide quadrangulaire tronquée qui aurait pour bases deux carrés dont l'un aurait 16 m. de côté et l'autre 15 m., sa hauteur étant 2 m., aurait une solidité exprimée par $(16^2 + 15^2 + 240 \text{ m. q.}) \times 0 \text{ m. } 6666^{d.m.} =$ 480 m. c. 619.

Ces calculs se comprennent aisément : 16^2 et 15^2 expriment les surfaces des bases, 340^mq, est la moyenne proportionnelle entre ces bases (moyenne proportionnelle

____

(*) **Pour** avoir une moyenne proportionnelle entre deux nombres, on extrait la racine carrée de leur produit. Ainsi la moyenne proportionnelle entre 4 et 9 est 6 qui est la racine carrée de leur produit 36. (Voyez les traités d'Arithmétique).

qu'on a obtenue en extrayant la racine carrée de leur produit 57600), et 0 m. 6666.... est le $\frac{1}{3}$ de la hauteur du tronc.

CHAPITRE QUATRIÈME.

Suite de la mesure des Corps.

CORPS RONDS.

249. — PROBLÈME 1er. *Calculer la solidité d'un cylindre.*

La solidité d'un cylindre est égale au produit de la surface de sa base par sa hauteur.

Ainsi un cylindre qui aurait une base de 2 m. 50 de diamètre et une hauteur de 2 m. 50 aurait sa solidité exprimée par $3,1416 \times 1^m.25^2 \times 2^m.50 = 12$ m. c. 271875 c. Voici l'explication de ces calculs : $3,1416 \times 1^m.25^2$ exprime la surface de la base qu'on multiplie ensuite par la hauteur 2^m. 50.

250. — PROBLÈME 2me. (A.R.) *Trouver la solidité d'un cylindre dont la base a 6 m. 50 de rayon et la hauteur 8m. 25.*

251. — PROBLÈME 3me. *Calculer la solidité d'un cône.*

On obtient le volume d'un cône en multipliant la surface de sa base par le tiers de sa hauteur.

Ainsi la solidité d'un cône qui a 3 m. de hauteur et une base de 1^m. 50 de diamètre est exprimé par $3,1416 \times 0^m.75^2 \times 1 = 1^m.c.767150$ c. c. $-3,1416 \times 0^m.75^2$ représente évidemment la surface de la base du cône et le facteur 1 représente le 1/3 de la hauteur.

252. — **Problème** 4me. (A.R) *Quel est le volume d'un cône qui a 3 m. 25 de haut , et pour base un cercle de 1 m. 75 de rayon ?*

253. — **Problème** 5me. *Trouver le volume d'un tronc de cône.*

Le volume d'un tronc de cône s'obtient en multipliant la surface de ses deux bases et d'une moyenne proportionnelle entre ces bases par le tiers de la hauteur du tronc. (V. N°. 248 a).

Ainsi un cône tronqué dont la base inférieure a 2 m. 50 de diamètre , la base supérieure 2 m. et dont la hauteur est de 1 m. 50, a un volume exprimé par $(3,1416 \times 1^m.25^2)$ $+ (3,1416 \times 1^2) + 3$ m. q. 9270 c q $\times$ 0 m. 50 $=$ 5 m. c. , 988675 c. c. Expliquons ces calculs : le produit $3,1416 \times 1^2$ est la surface de la base supérieure, 3 m. 9., 9270c.9. est la moyenne proportionnelle entre les deux bases ; le facteur 0^m.50 est le 1/3 de la hauteur du tronc.

254. — **Problème** 6me. *Calculer le volume d'une sphère.*

La solidité de la sphère s'obtient en multipliant sa surface par le 1/3 du rayon : cette surface est égale à celle de quatre grands cercles.

Ainsi une sphère qui a 3 m. de rayon aura son volume exprimé par $3,1416 \times 3^2 \times 4 \times 1 = 113$ m. c. , 097 d. c. $3,1416 \times 3^2$, voilà la surface d'un grand cercle que nous multiplions ensuite par 4 pour avoir la surface de la sphère, puis par le tiers du rayon , pour avoir la solidité.

255. — **Problème** 7me. (A.R.) *Quel est le volume d'une sphère qui a 0 m. 75 cent. de diamètre ?*

CHAPITRE CINQUIÈME.

Problèmes relatifs aux Solides.

256. — PROBLÈME 1er. *Quelle est la capacité d'une citerne qui a 3 m. 25 de long , 2 m. 75 de large et 2 m. 25 de profondeur ?*

Une telle citerne à la forme d'un parallélipipède : sa capacité sera donc exprimée par 3 m. 25 × 2 m. 75 × 2m. 25 (243) = 201 hectol. 9 litres environ.

257. — PROBLÈME. 2me. *Une pile de bois a 5 m. 25 de long , 3 m. de large et 2 m. 75 c. de hauteur. Quelle est , en stères , la quantité de bois que contient cette pile ?*

Le volume de cette pile est 5 m. 25 × 3 m. × 2 m. 75 = 43 m. c. 312 d. c. ou 43 stères 3 décistères environ.

257 bis. — PROBLÈME 3me. *Jusqu'à quelle hauteur du stère faudrait-il mettre des bûches de 0 m. 90 de longueur pour en avoir réellement un stère ?*

Nous nous proposons de chercher le troisième facteur d'un produit , *un mètre cube ,* dont les deux autres 1 m. largeur du stère , et 0 m. 90 cent. , longueur du bois , sont déjà connus : divisons donc 1 m. c. par 1 m. 9. , puis , le quotient par 0 m. 90 c. et nous aurons 1 m. 111 millim. qui sera la hauteur approchée à laquelle devont arriver les bûches.

Dans la pratique , on se contente d'ajouter à la hauteur

ce qui manque à la longueur ; mais, comme nous venons de le voir, on commet une erreur, minime, il est vrai, mais qui pourrait devenir plus considérable si les bûches n'avaient que 0 m. 75, ou 70 c. de longueur. On comprend aisément cette erreur : lorsqu'il manque, par exemple, 10 cent. aux bûches, et qu'on ne s'élève qu'à un mètre de hauteur, on a un stère moins une partie qui a 1 m. de large, 1 m. de haut et 0 m. 10 cent. d'épaisseur, de sorte que si on ne s'élève que de dix centimètres, on n'a pas ajouté entièrement la partie manquante ; car cette partie ajoutée qui a 0 m. 10 c. d'épaisseur, 1 m. de largeur, n'a que 0 m. 90 c. de longueur, au lieu d'un mètre.

258. — **Problème** 4ᵐᵉ. (A.R.) *Un bassin rectangulaire a 5 m. 25 de long, 3 m. 4 de large et 1 m. 95 de profondeur. Combien peut-il contenir d'hectolitres d'eau ?*

259. — **Problème** 5ᵐᵉ. *Les petits tas de cailloux que l'on aperçoit sur les routes représentent des troncs de pyramide : quel serait le volume d'un semblable tas qui aurait 0 m. 45 c. de haut, et dont les bases auraient, l'une 2 m. 25 de long et 0 m. 9 de large, et l'autre 1 m. 4 de long, 0 m. 6 d. c. de large ?*

Le volume de cette pyramide tronquée est exprimé par (248) $(2\text{m}.25 \times 0\text{m}.9) + (1\text{m}.4 \times 0\text{m}.6) + (1\text{m.q}.29 \text{ d.c.}) \times 0\text{ m}.15 = 0$ m. c. 616500 d.c. Ces calculs n'ont pas besoin de commentaire.

260. — **Problème** 6ᵐᵉ. (A.R.) *Un propriétaire a fait creuser un fossé dont les bords sont en talus. Combien doit-il payer aux ouvriers à raison de 0 fr. 30 cent. le mètre cube,*

sachant que le fossé à 1 m. 25 c. de profondeur , que les bords d'en haut ont 55 m. de long et 1 m. 75 c. de largeur, et ceux d'en bas 52 m. de long et 1 m. 10 c. de large ?

261. — PROBLÈME 7me. *On a payé à raison de 1 fr. 75 le mètre cube , des ouvriers qui ont creusé un puits de 22 m. 25 c. de profondeur et 1 m. 50 c. de diamètre. Que leur était-il dû ?*

Le nombre de mètres cubes est évidemment (243).

$3,1416 \times 0$m.$75^2 \times 22$m.$25 = 39$m. c.319 (en négligeant les centim. cubes), la somme due pour ces 39 m. c. 319 d. c. sera donc égale à 1 fr. 75×39m.c.319d. c. $= 68$ fr. 81 c.

262. — PROBLÈME 8me. *Une chaudière cylindrique doit contenir 50 hectolitres d'eau : quel doit être son rayon , si cette chaudière ne doit avoir que 1 m. 50 c. de profondeur ?*

Les 50 hectolitres correspondent à 5000 décimètres cubes ou 5 m. cubes. Divisons ce volume par la hauteur 1 m. 50 du cylindre , nous aurons 3 m. q. 33 décimètres carrés pour la surface du cercle dont nous cherchons le rayon. Divisons cette surface par 3,1416 , le quotient 1 m. 06 c. (en forçant le dernier chiffre) sera la longueur du rayon cherché.

263. — PROBLÈME 9me. (A.R.) *Un tuyau a 6 m. 25 c. de long et 0 m. 08 c. de diamètre intérieur. Que peut-il contenir de litres d'eau ?*

264. — PROBLÈME 10me. *En supposant qu'un décimètre cube de sucre pèse 0 kilog. 745 grammes , on demande ce que pèserait un pain de sucre dont la base aurait 0 m. 24 c. de diamètre et la hauteur 0 m. 50 c. ?*

Le volume de ce pain de sucre sera évidemment :

$3,1416 \times 0$ m. $12^2 \times 0$ m. $1666... = 0$ m. c. 007536 c. c. ou 7 d. c. 536 c. c. En multipliant 0 k^m. 745 par 7 d. c. 536 nous aurons le poids du pain de sucre, ou

$$0 \text{ k}^o. 745 \times 7, 536 = 5 \text{ k}^o. 61432 \text{ c. g.}$$

265. — PROBLÈME 11me. *Les vases en fer-blanc des laitières ont ordinairement la forme d'un cône tronqué : quelle serait en litres la capacité d'un tel vase qui aurait 0 m. 36 c. de hauteur et dont les bases supérieures et inférieures auraient l'une 0 m. 15 c. et l'autre 0 m. 09 c. de rayon ?*

Le volume de ce vase est exprimé évidemment par $(3,1416 \times 0^m 15^2) + (3,1416 \times 0^m 09^2) + (0^m$ q. $904241160)$ $\times 0,$m.$12 = 0$ m. c. $016625347 = 16$ litres $626....$

Expliquons ces calculs : $3,1416 \times 0$ m. 15^2 représente la surface de la base inférieure ; $3,1416 \times 0$ m. 09^2 représente celle de la base supérieure, 0 m. q. 04241160 est la moyenne proportion entre les deux bases, enfin le facteur 0 m. 12 est le tiers de la hauteur du tronc.

266. – *Remarque.* Dans le solivage on mesure des arbres, c'est toujours un tronc de cône plus ou moins régulier qu'on a à soliver. On ne suit presque jamais la marche du N°. précédent. Les marchands de bois se contentent de mesurer, avec un instrument appelé équerre, le diamètre du milieu de l'arbre ; ils en mesurent également la longueur, font une déduction de convention pour l'écorce et l'aubier, et trouvent dans des comptes tout faits, appelés barêmes, le nombre de solives ou de stères que contient l'arbre en question.

267. — Voici en quoi consiste l'équerre dont nous venons de parler : la règle AB et la partie CD sont unies invariablement et à angle droit, la partie EF est percée en E de manière à la laisser glisser à frottement doux, de manière que l'on peut l'amener à tel point que l'on veut de AB. De cette manière l'arète CD est toujours parallèle à EF. Enfin la règle AB est divisée en décimètres et en centimètres, afin d'indiquer le diamètre de l'arbre. On comprend que ce diamètre est égal à la distance qui sépare CD de EF', quand l'arbre est placé entre les branches de cet instrument (fig. 106).

268. — Les résultats que l'on obtient dans ce cas ne sont pas d'une rigoureuse exactitude ; mais ils suffisent dans la pratique. On comprend, du reste, qu'il est matériellement impossible de faire pour chaque arbre les calculs du N°. précédent.

269. — **Problème 12ᵐᵉ**. *Quelle est la capacité d'une chaudière demi-sphérique qui a 1 m. 6 de diamètre ?*

Cherchons la solidité de cette sphère (N°. 254), elle est exprimée par

$$\frac{3,1416 \times 0\ m.\ 8^2 \times 4 \times 0\ m.\ 266\ldots}{2} =$$

1 m. c. 069 d. c. ou 10 hectol. 69 litres. Expliquons ces calculs : $3,1416 \times 0$ m. 8^2 représente la surface d'un grand cercle que nous multiplions ensuite par 4 pour avoir la surface de la sphère. Le dernier facteur 0 m. 266... est le $\frac{1}{3}$ du rayon de la sphère. Nous divisons le tout par 2 parce que le résultat obtenu est la solidité de la sphère tout entière et non celle d'un 1/2 sphère.

270. — Problème 13ᵐᵉ. (A.R. *Calculer la solidité d'une sphère dont la surface a 1 m. q. 25 d. q.*

Problème 14ᵐᵉ. *Calculer le rayon d'une sphère qui a 0 m. c. 456 d. c. de solidité.*

QUESTIONNAIRE. [1]

PREMIÈRE PARTIE.

Notions préliminaires. — 1. Qu'appelle-t-on corps ? — Donnez-en des exemples. — Quelles sont des dimensions des corps ? — 2. Qu'appelle-t-on surfaces? — Quelles sont les dimensions des surfaces? — 3. Qu'appelle-t-on lignes? — Comment les lignes sont-elles étendues ? — 4. Qu'est-ce qu'un point? — Quelles sont les dimensions du point ? — Comment le figure-t-on? — 5. Qu'est-ce que la géométrie ?

Chapitre premier. — 6. Qu'est-ce que le dessin linéaire? — 7. Combien distingue-t-on de sortes de dessin linéaire? — Quelle différence y a-t-il entre le dessin linéaire géométrique et le dessin linéaire à vue ? — 8. Combien distingue-t-on de sortes de lignes ? — 9. Qu'est-ce que la ligne droite? — Tracez une ligne droite. — Pourquoi telle ligne est-elle droite ? (2) — 10. Qu'est-ce que la ligne brisée? — Tracez une brisée à quatre côtés ? — Pourquoi cette ligne est-elle une ligne brisée? — 11. Qu'est-ce qu'une ligne courbe ? — Tracez une ligne courbe. — Pourquoi telle ligne est-elle courbe? Donnez des exemples de lignes droites, de lignes bri-

---

[1] Les numéros du questionnaire correspondent à ceux des chapitres.

[2] La réponse à cette question est la définition même de la ligne droite : CETTE LIGNE EST DROITE PARCE QU'ELLE EST LA PLUS COURTE DISTANCE QUIL Y AIT DE TEL POINT A TEL AUTRE POINT. Ces sortes de questions obligent l'élève à réfléchir, et prouvent au professeur que la définition a été bien ou mal comprise. On en trouvera de semblables dans toute l'étendue du questionnaire.

sécs et de lignes courbes ? — 12. Qu'appelle-t-on angle ? — De quoi dépend la grandeur d'un angle ? — Qu'appelle-t-on côtés, sommet d'un angle? — Comment désigne-t-on un angle? — Pourquoi désigne-t-on un angle par trois lettres lorsque son sommet est commun? — 13. Qu'appelle-t-on perpendiculaire? — Qu'est-ce qu'un angle droit, aigu, obtus ? — Tracez une perpendiculaire. — Un angle droit, aigu, obtus. — Pourquoi telle ligne est-elle perpendiculaire? — Pourquoi tel angle est-il aigu, droit, obtus? — 14. Quelles sont les différentes sortes de lignes droites? — 15. Qu'est-ce qu'une ligne verticale? — Donnez un exemple de la direction de cette ligne. — 16. Qu'appelle-t-on horizontale? — Donnez un exemple de sa direction. — 17. Qu'appelle-t-on oblique? — Comment définit-on encore la ligne oblique ? — Qu'appelle-t-on parallèles ? — Tracez trois verticales parallèles, 2 horizontales parallèles, 4 obliques parallèles. (1)

Chapitre deuxième. — 19. Qu'est-ce que la circonférence ? — Quelle différence établissez-vous entre la circonférence et le cercle? Qu'appelle-t-on rayon ? Diamètre d'une circonférence ? — Tracez une circonférence avec quelques rayons, quelques diamètres ? — Pourquoi les rayons et les diamètres d'un même cercle sont-ils égaux? — 22. Qu'appelle-t-on corde, arc de cercle, sécante, tangeante ? — Tracez chacune de ces lignes. — Dites pourquoi telle ligne est un rayon, un diamètre, une corde, une sécante, tangeante ? — 23. Qu'appelle-t on secteur, — 26. Segment, — tracez un secteur, un segment. — Comment divise-t-on la circonférence ? —

---

[1] Ces questions peuvent aisément se multiplier. On pourra aussi, lorsque l'élève aura bien compris les définitions, le tracé géométrique, lui indiquer en centimètres ou en décimètres la longueur de la ligne qu'il doit tracer. Ceci aura l'avantage de le familiariser avec les mesures métriques.

Comment la divisait-on avant l'invention du système métrique ?
Quelle division préfère-t-on, et pourquoi ? — 28. Comment définit-on encore un angle droit, aigu, obtus ? — 29. Convertissez
45 degrés en grades, et 65 grades en degrés. — Expliquez votre
manière d'opérer.

Chapitre troisième. — 30. Nommez les principaux instruments
dont on se sert pour dessiner. — 31. Quelles sont les qualités de
la règle ? Comment la vérifie-t-on ? — Présentez une règle à l'é-
lève et faites-la-lui vérifier. — 32. Qu'est-ce que l'équerre de des-
sinateurs — en quoi consiste t-elle ? — 33. Comment élève-t-on,
abaisse-t-on une perpendiculaire au moyen de l'équerre ? — 34.
Comment la vérifie-t-on ? — 35. Qu'est-ce que le compas ? — Combien de sortes de compas ? — 36. En quoi consiste le tire-ligne ?
— Comment introduit-on l'encre ? — 37. Qu'appelle-t-on double
décimètre ? En quoi consiste-t-il ? à quoi sert cet instrument ? —
38. Qu'est-ce que le rapporteur ? — En quoi consiste-t-il ? — Comment mesure-t-on un angle avec le rapporteur ?

Chapitre quatrième. — Les énoncés des problèmes de ce chapitre peuvent aisément se traduire sous la forme de questions : aussi
nous dispenserons-nous de les formuler. Seulement nous ferons re-
marquer qu'il importe au plus haut point de ne passer à l'explication
d'un problème quelconque qu'autant que ceux qui le précèdent auront été bien compris.

Chapitre cinquième. — 57. Qu'appelle-t-on polygone ? — Dessinez un polygone. — 58. Combien distingue-t-on de sortes de polygones ? — Dessinez un polygone régulier de quatre, de six, de
huit, etc., côtés. — 59. De quoi dépendent les noms des divers
polygones ? — Dites les noms des polygones et le nombre de leurs
côtés ? — Comment appelle-t-on un polygone de 3, 6, 7, 9, 8,
etc., côtés ? — Qu'est-ce qu'un triangle, un pentagone, un hexagone, un décagone, etc. ? — 60. De quoi dépendent les diffé-

rents noms des triangles ? — Qu'est-ce qu'un triangle équilatéral , — isocèle , — scalène , — équiangle , — acutangle , — obtusangle, — rectangle ? — Qu'appelle-t-on hypothénuse dans un triangle rectangle ? — Dessinez chaque espèce de triangle — pourquoi tel triangle est-il isocèle , équilatéral , rectangle , scalène, etc. ? — 62. Qu'appelle-t-on hauteur d'un triangle ? — Quel côté prend-on pour base ? — La perpendiculaire tombe-t-elle toujours sur la base ? — Si l'un des côtés qui forment l'angle droit d'un triangle rectangle est regardé comme base , quelle sera la hauteur du triangle ? — Faites tracer la hauteur des différens triangles dessinés sur le tableau ? — 63. Nommez les différentes sortes de quadrilatères. — Quest ce qu'un carré ? dessinez un carré. — 65. Qu'appelle-t-on rectangle , — dessinez un rectangle. — 66. Qu'est-ce qu'un parallélogramme ? Dessinez un parallélogramme. (1) — 67. Qu'appelle-t-on rhombe ou losange. — Dessinez un losange. — 68. Qu'est-ce qu'un trapèze. — Dessinez un trapèze. — Pourquoi telle ou telle autre figure tracée sur le tableau est-elle un carré, un losange , un parallélogramme , un trapèze , etc. (voir la note 2 du chapitre premier, pour ces questions). — 69. Qu'appelle-t-on base dans un carré , dans un rectangle , un parallélogramme , un losange? — Faites indiquer ces bases dans chaque espèce de figure. — Qu'appelle-t-on hauteur dans les différents polygones dont il vient d'être parlé ? faites indiquer ces hauteurs. — Qu'appelle-t-on hauteur dans un trapèze? — Faites dessiner cette hauteur.

CHAPITRE SIXIÈME. Ce chapitre est consacré au tracé des polygones (voir l'observation du chapitre quatrième). — 92. Comment trace-t-on les figures irrégulières? — Comment dessine-t-on des cartes de Géographie ?

---

[1] Ici, comme au chapitre des lignes , on pourra indiquer en décimètres ou centimètres la longueur des côtés des polygones qu'on dessine.

Chapitre septième. On s'occupe dans ce chapitre de la division de la circonférence en parties égales, et de l'inscription des polygones réguliers. Les énoncés des problèmes peuvent donc servir de questions, comme dans le chapitre quatrième et le précédent.

Chapitre huitième. — 102. Que veut dire le mot spirale ? — Qu'appelle-t-on spirale ? — N'y a-t-il pas plusieurs sortes de spirales ? — 103. Indiquez les moyens à suivre pour tracer une spirale à deux, trois, quatre, etc., centres ? — 106. Qu'appelle-t-on ellipse ? — 107. Quelles sont les différentes sortes d'ellipses ? — 108. Comment trace-t-on une ellipse ordinaire ? — 109 Une ellipse dont on connait les deux axes ? — 110. Comment se trace l'ellipse appelée anse du panier ? — 111. L'ellipse du jardinier ? 112. Comment trace t-on un cintre surmonté ? — un cintre surbaissé ? — une ovoïde ?

Chapitre neuvième. — 115. Qu'appelle-t-on moulures ? — 116. Combien de sortes de moulures ? — Nommez les moulures droites. — Nommez les moulures circulaires. — 117. Qu'appelle-t-on filet ? — Comment trace-t-on cette moulure ? — Qu'est-ce que le larmier ? — Comment le trace-t-on ? — Qu'est-ce qu'une plate-bande ? — Comment se construit-elle ? — 120. Qu'appelle-t-on baguette ? — 121. Qu'est-ce qu'un quart de rond ? — Tracez un quart de rond ? — Qu'est-ce qu'un quart de rond renversé ? — Comment le trace-t-on ? — 122. Qu'appelle-t-on gorge ? — tracez une gorge. — 123. Qu'est-ce qu'un cavet ? — Tracez un cavet. — Qu'est-ce qu'un congé ? — Comment le trace-t-on ? — 124. Qu'est-ce que la scotie ? — Dites comment on la trace. — 125. Qu'est-ce qu'un talon ? — Tracez un talon ordinaire. — 127. Tracez un talon allongé. — 128. Qu'appelle t-on doucine ? — 129. Comment se trace une doucine ordinaire ? — Une doucine allongée ? — On peut retourner ces différentes questions, et demander, par exemple, pourquoi telle figure est un talon, une doucine, une gorge, une scotie ?

DEUXIÈME PARTIE.

Chapitre premier. — 131. Qu'est-ce que l'arpentage? — Quels sont les instruments nécessaires pour arpenter? — 132. Qu'est-ce qu'un jalon, et quel en est l'usage? — 133. Qu'est-ce que tracer un alignement? — 134. Qu'est-ce que l'équerre d'arpenteur? — Faites-en la description. — 135. Comment élève-t-on une perpendiculaire avec l'équerre d'arpenteur? — 136. Comment abaisse-t-on une perpendiculaire avec l'équerre d'arpenteur? — 137. Comment diminue-t-on le nombre de tâtonnemens quand on abaisse une perpendiculaire? — 138. Comment vérifie-t-on une équerre. — Doit-on se contenter du résultat d'une première opération? — 139. Qu'appelle-t-on chaine d'arpenteur? — En quoi consiste-t-elle? 140. Comment chaine-t-on ou mesure-t-on une longueur? — Si l'on rencontrait un terrain peu régulier, qu'elle précaution faudrait-il avoir? — 141. Qu'appelle-t-on fiches? — Quel en est l'usage?

Chapitre deuxième. — 142. Dites la marche générale à suivre avant que d'opérer. Les chapitres *deuxième*, *troisième*, *quatrième* et *cinquième* renferment des problèmes dont les énoncés peuvent aisément se traduire en questions. (Voir, du reste, page 8me, enseignement de l'arpentage). — Le chapitre 5me renferme quelques problèmes sur les surfaces : on fera bien de les multiplier, ils sont d'une haute importance dans la pratique des arts.

Chapitre sixième. — 196. Qu'est-ce que la levée des plans? — Doit-on se contenter de rapporter un plan, et de l'arpenter sur le papier? — 197. Comment rapporte-t-on, sur le papier, un terrain mesuré avec l'équerre? — 198. Quelle doit-être la longueur relative des lignes rapportées sur le papier?

Chapitre septième. Les énoncés des problèmes qui forment ce chapitre, nous dispensent de les transformer en questions : ce sont, au reste, de véritables questions.

TROISIÈME PARTIE.

CHAPITRE PREMIER. — 209. Qu'appelle-t-on polyèdre ? — Qu'appelle-t-on communément corps ronds ? — 240. De quoi dépendent les noms des divers polyèdres ? — Dites les noms des polyèdres qui ont 4, 5, 6, 8, 9, 10, etc, faces. — Comment appelle-t-on un polyèdre à huit, six, quatre, dix, etc. faces ? — Qu'est-ce qu'un tétraèdre ? — un dodécaèdre, — un pentaèdre ? (Exécuter ici, comme il est dit page 9me, ces divers solides avec des fruits assez gros et qui se coupent aisément). — 211. Qu'appelle-t-on prisme ? — Dessinez un prisme. — 213. Qu'appelle t-on hauteur d'un prisme ? — 214. Les prismes ne prennent-ils pas différens noms ? — 215. Quand le prisme est-il droit ? — Oblique ? — 216. Qu'appelle-t-on parallélipipède ? — Dessinez un parallélipipède. — Qu'appelle-t-on cube ? — Dessinez un cube. — 218. Qu'appelle-t-on pyramide ? — 219. Dessinez une pyramide ? — 220. De quoi dépendent les différens noms d'une pyramide ? — 220. Qu'est-ce qu'une pyramide triangulaire, pentagonale, octogonale ? — Dessinez une pyramide hexagonale, octogonale, quadrangulaire. — 221. Qu'est-ce qu'une pyramide tronquée ? — Dessinez une pyramide pentagonale tronquée.

CHAPITRE DEUXIÈME. — 222. Nommez les solides appelés communément corps ronds. — 223. Qu'est-ce qu'un cylindre ? — Donnez-en un exemple. — 224. Comment définit-on encore un cylindre ? — 225. Qu'appelle-t-on hauteur d'un cylindre ? — Qu'est-ce qu'un cylindre droit ? — Qu'est-ce qu'un cylindre oblique ? — 226. Comment dessine-t-on un cylindre ? — Dessinez un cylindre droit — Dessinez un cylindre oblique. — 227. Qu'est-ce qu'un cône ? — Donnez un exemple d'un cône. — 228. Comment définit-on encore un cône ? — 229. Qu'appelle-t-on cône tronqué ?

— 230. Qu'appelle-t-on hauteur d'un côue? — Qu'est-ce qu'un cône droit? — oblique? — 231. Comment dessine-t-on un cône? — Dessinez un cône droit, un cône oblique, un cône tronqué. — 232. Qu'est-ce que la sphère? — 233. Comment définit-on encore la sphère? — 234. Qu'appelle-t-on rayon, diamètre de la sphère? — 235. Qu'appelle-t-on pôles de la sphère, axe de la sphère? — 237. Qu'appelle-t-on méridiens de la sphère. — 238. Qu'appelle-t-on parallèles? — 239. Que nomme-t-on équateur ou ligne équinoxiale? — 240. Indiquez la marche à suivre pour tracer les méridiens et les parallèles de la sphère.

Les chapitres troisième, quatrième et cinquième, sont consacrés à des problèmes dont les énoncés sont, comme précédemment, de véritables questions. Pour que ces problèmes soient bien compris, il faut les multiplier, en donnant pour exercices à l'élève, d'autres problèmes à peu près semblables à ceux que renferment ces trois chapitres, et surtout le chapitre cinquième.

TABLE.

Des Corps ou Solides.

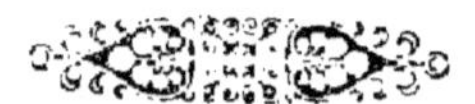

Parmi les fautes que l'impression d'un tel ouvrage laisse souvent échapper, le lecteur est prié de corriger les suivantes.

Page 14, ligne 10 en remontant, au lieu de GCFE, lisez GCF.

Page 14, ligne 1re en remont., au lieu de *horizontale penchée est une*, lisez *horizontale est une*.

Page 18, ligne 7 en remontant, au lieu de CED, lisez CE.

Page 21, ligne 14 en remontant, au lieu de *sur un point*, lisez *par un point*.

Page 22, ligne 3 et 4 en remont., au lieu de *décrivez arc de cercle*, lisez *décrivez l'arc de cercle*.

Page 34, ligne 5, au lieu de *un polygone régulier*, lisez *un pentagone régulier*.

Page 40, ligne 4, au lieu de *le caret*, lisez *le cavet*.

Page 48, ligne 1re, au lieu de *apposés*, lisez *opposés*.

Page 62, ligne 6me en remontant, au lieu de *à dû*, lisez *est dû à*.

Page 64, ligne 9 en remontant, au lieu de *9840 q. cent. q.*, lisez *9840 cent. q.*

Page 68, ligne 4 en remontant, *à isocèles égaux*, ajoutez *deux à deux*.

Page 71, ligne 6, 9, 14, au lieu de *polièdre*, lisez *polyèdre*.

Page 72, ligne 1re et dernre, au lieu de *polièdre*, lisez *polyèdre*.

Page 78, ligne 8, au lieu de 28 *m. cube*, lisez 28 *m. cubes*.
Page 80, ligne 15, au lieu de 3 *m.* 9,9270 *c.* 9, lisez 3 *m. q.*
9270 *c. q.*
Page 81, ligne 5, au lieu de 1 *m.* 9., lisez 1 *m. q.*
Page 84, ligne 12, au lieu de *proportion*, lisez *proportionnelle*.

Les formalités voulues par la loi ayant été remplies, les exemplaires non revêtus de la signature de l'auteur seront réputés contrefaits.

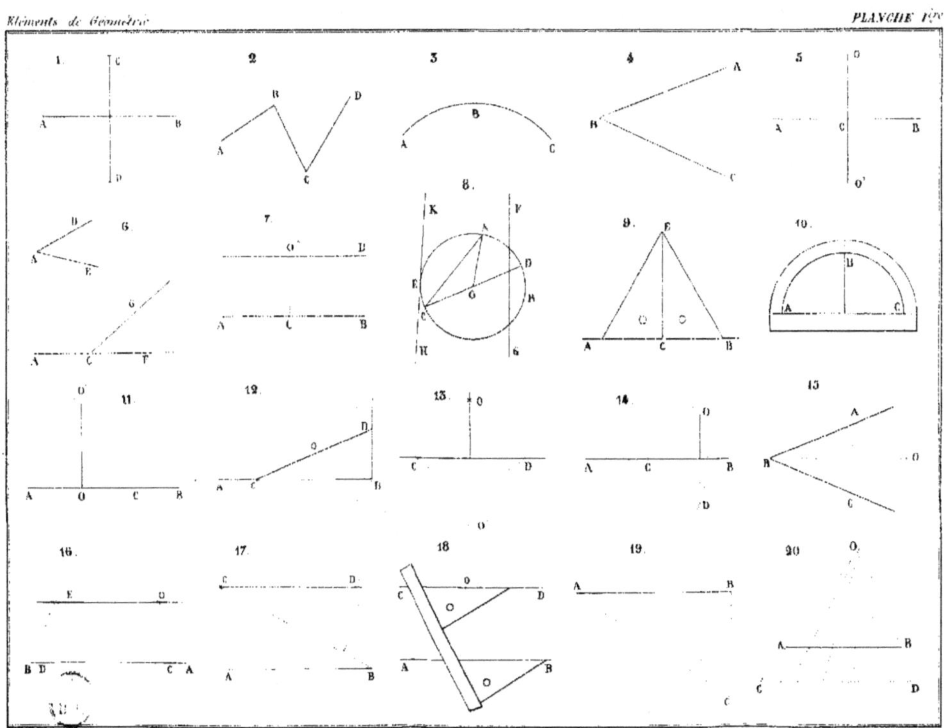

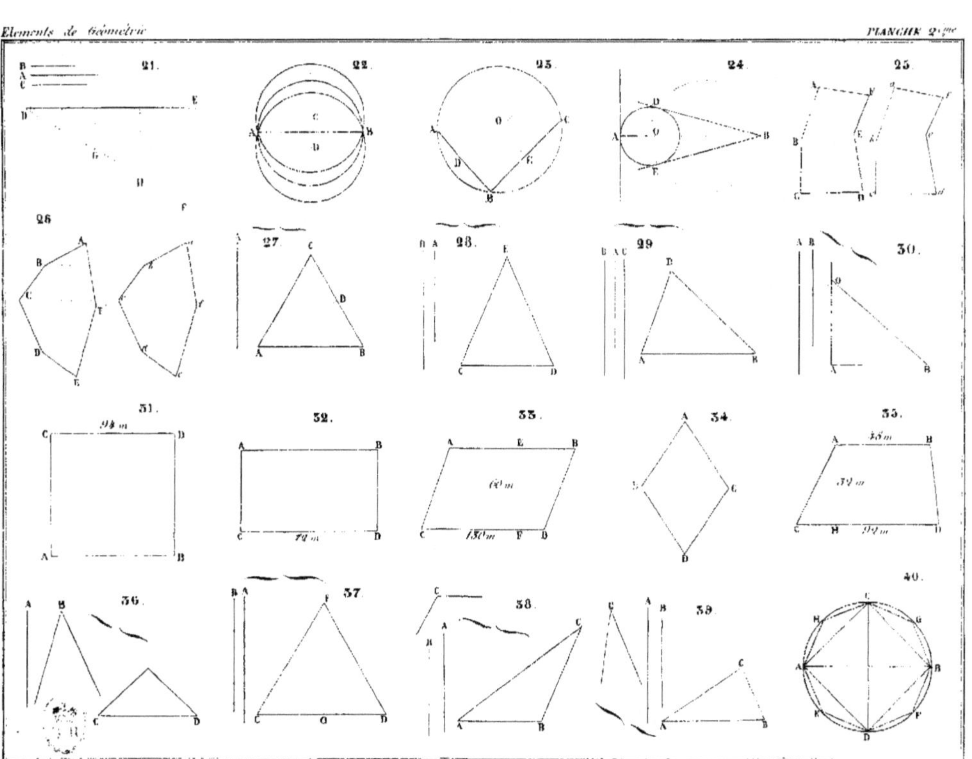

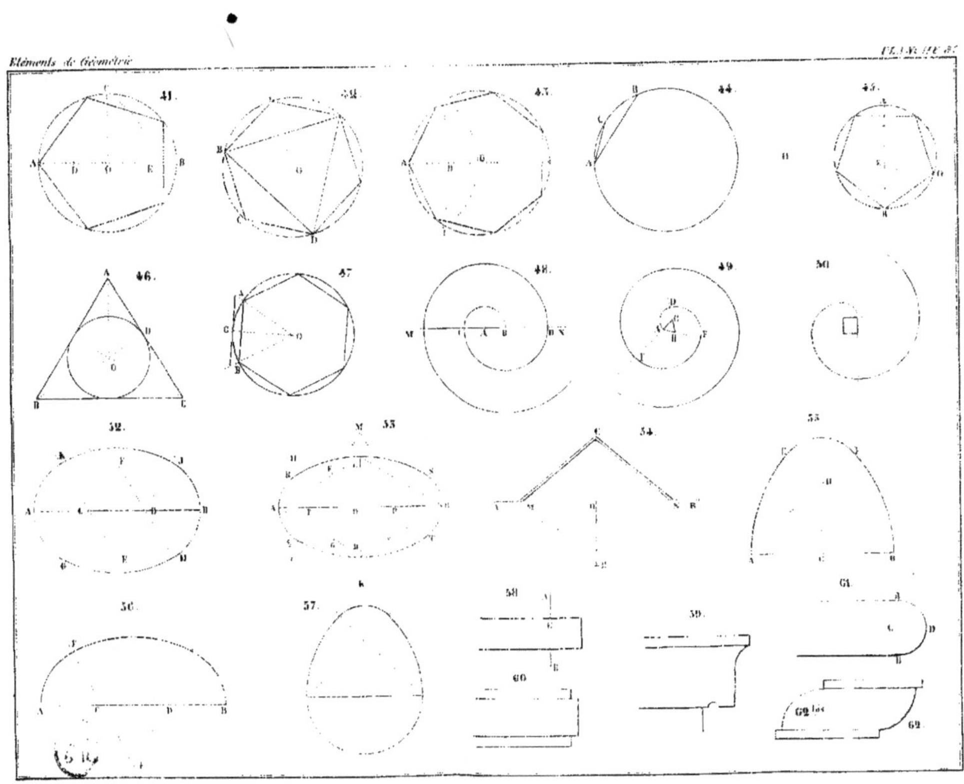

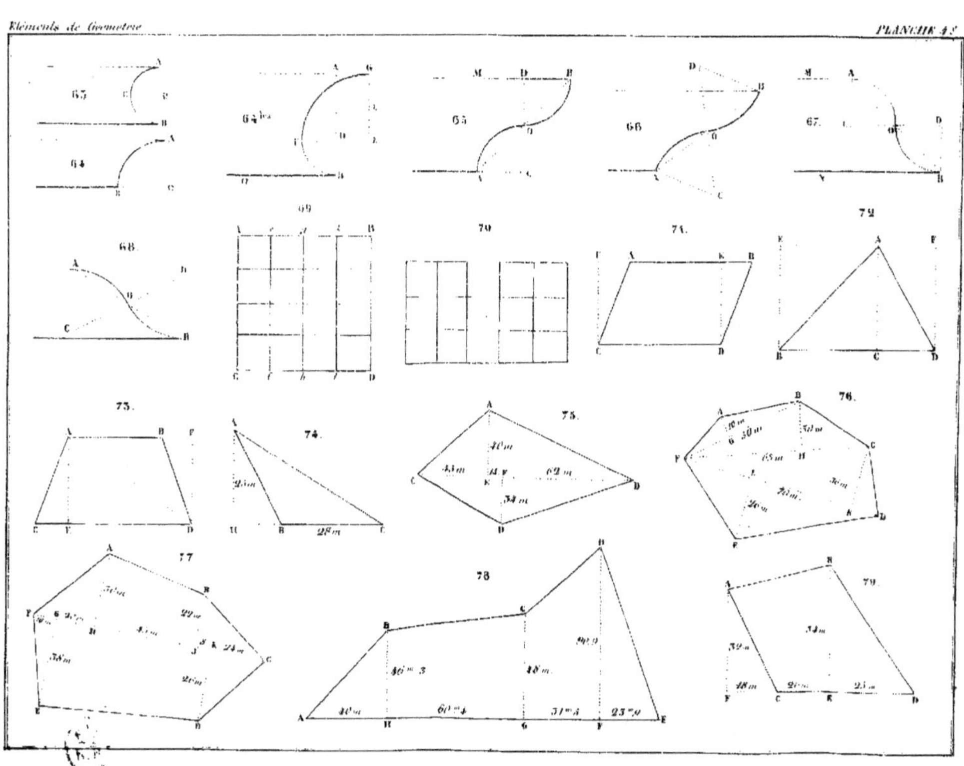

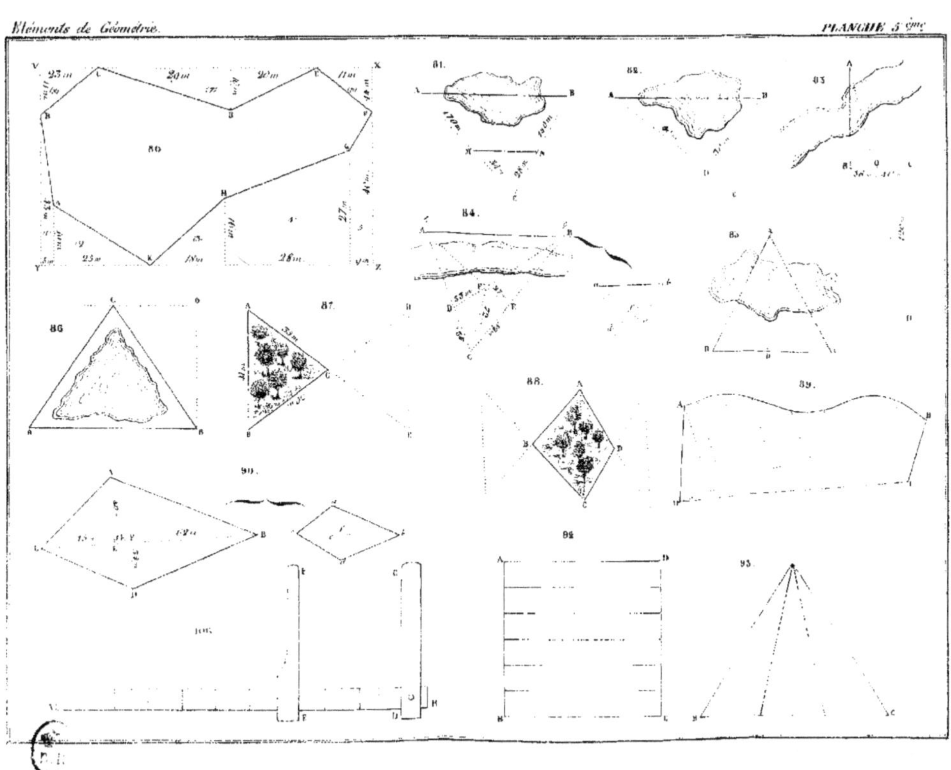

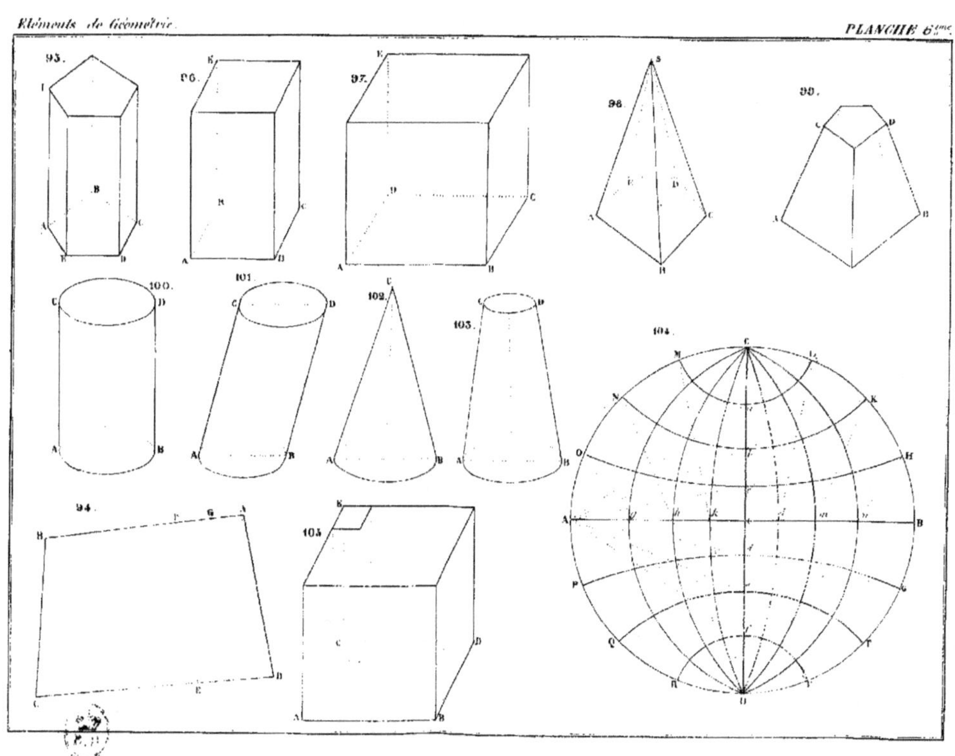

www.ingramcontent.com/pod-product-compliance
Lightning Source LLC
LaVergne TN
LVHW020838200726
843508LV00003B/982